不再辜负你的梦想
敬业如魂

李 菊 编著

煤炭工业出版社
·北京·

图书在版编目（CIP）数据

不再辜负你的梦想．敬业如魂/李菊编著．－－北京：煤炭工业出版社，2018
ISBN 978-7-5020-6495-2

Ⅰ.①不… Ⅱ.①李… Ⅲ.①成功心理—通俗读物 ②职业道德—通俗读物 Ⅳ.①B848.4-49 ②B822.9-49

中国版本图书馆 CIP 数据核字（2018）第 037031 号

不再辜负你的梦想
——敬业如魂

编　　著	李　菊
责任编辑	马明仁
封面设计	浩　天
出版发行	煤炭工业出版社（北京市朝阳区芍药居35号　100029）
电　　话	010-84657898（总编室）
	010-64018321（发行部）　010-84657880（读者服务部）
电子信箱	cciph612@126.com
网　　址	www.cciph.com.cn
印　　刷	永清县晔盛亚胶印有限公司
经　　销	全国新华书店
开　　本	880mm×1230mm $1/32$　印张　$7^1/_2$　字数　200 千字
版　　次	2018 年 5 月第 1 版　2018 年 5 月第 1 次印刷
社内编号	9375　　　　　　　　　定价　38.80 元

版权所有　违者必究
本书如有缺页、倒页、脱页等质量问题，本社负责调换，电话:010-84657880

前言

我们为什么要敬业？答案无非是两个：一是为了提高自己的能力，着眼于未来的发展；二是为了把工作做好，得到认可和关注。

任何一个机关、企业或公司，都想顺利发展。这样，它就自然需要有敬业精神和责任心的下属。从这一点看，敬业的员工永远是受领导欢迎的员工，也是最容易成功的员工。假如你的能力一般，敬业可以让你做得更好；假如你本身就很优秀，敬业则会助你事业成功。敬业是积极向上的人生态度，而兢兢业业做好本职工作是最基本的一条。

当敬业成为习惯之后，虽然它不会立竿见影地给你带来可观的收入，但是，如果你养成"不敬业"的不良习惯，你就永远不

会成功。从表面看，你敬业的结果好像只是老板得益，但长期来看还是自己受益更多。每一个职场中人，都应该磨炼和培养自己的敬业精神。因为无论你从事什么工作，或做到什么位置，敬业精神都是你走向成功的桥梁。

目 录

|第一章|

敬业如敬生命

何为敬业 / 3

敬业如敬生命 / 11

认真对待工作 / 16

尊重自己的工作 / 23

以良好的态度对待工作 / 31

敬业助你走向卓越 / 37

敬业才能站稳脚跟 / 44

工作中无小事 / 51

力求完美 / 59

敬业才会成功 / 65

|第二章|

责任高于一切

责任就是使命 / 73

工作就是一种责任 / 80

勇于承担责任 / 87

播下责任的种子 / 97

尽职尽责 / 102

责任铸就成功 / 109

责任心比能力更重要 / 116

责任体现价值 / 124

目 录

|第三章|

忠诚就是竞争力

做忠诚的员工 / 131

千万不要心怀不轨 / 139

对领导忠诚 / 148

绝不出卖企业机密 / 155

杜绝频繁跳槽 / 159

忠诚就是竞争力 / 165

勤俭节约 / 170

忠诚是人际关系的基石 / 176

不要愚忠 / 182

无条件敬业 / 187

|第四章|

细节决定成败

注重细节才能成功 / 195

万事皆因小事起 / 202

细节决定成败 / 207

从小事做起 / 212

荣誉高于一切 / 218

付出就会有回报 / 222

多感恩,少抱怨 / 228

第一章 敬业如敬生命

何为敬业

在人心浮躁的职场,能够抛弃名利去追求真正的理想非常可贵。不论在什么岗位都能全心全意地对待自己的工作,这样的人有更大更好的发展空间,他们的敬业精神能打动每一个人的心。可能他们不是那种讲究吃穿的人,可能他们也不善于言谈,可是他们那种朴素、认真的外表下,我们能看到一种独特的美,这种美来自敬业者那种如痴如醉的境界。

在《礼记·学记》中有"敬业乐群"之说。朱熹说:"敬业何,不怠慢、不放荡之谓也。"他还说:"敬字工夫,即是圣门第一义，无事时，敬在里面；有事时，敬在事上，有事无事，吾之敬未尝间断。"

所谓敬业，就是尊重自己的工作，全心全意地做好每一项工作，敬业之人做事忠于职守、尽职尽责、认真负责、一丝不苟、一心一意、任劳任怨、精益求精、善始善终。因为他们知道品德具有人格魅力，是一生的财富。

人性本有自私，可是自私要自私得有道理、有原则、有价值。敬业既能提高自己的能力，又能得到老板的赞赏。一方面使自己得到物质的报酬，精神的奖励；另一方面公司也需要和敬业的员工一起发展，创造未来。而且我们因为敬业营造了一种健康的、积极的社会环境，这对社会来说是有价值的。

我们为什么要敬业呢？

1.敬业的态度能激发我们不再懒惰

爱迪生曾说："天才是百分之九十九的汗水加百分之一的灵感。"聪明但是懒惰的人，是无法获得成就的。因懒惰而浪费的时间永远消失了，大多数失败者犯的致命性错误就在此。"业精于勤，荒于嬉。"有人统计过，失败的数十种因素中，"拖延"位居前三名。拖延和懒惰只会带你坠入贫穷的深渊。

第一章　敬业如敬生命

敬业的态度能激发人不再懒惰。有些人可能会想："干吗要勤奋？老板就给了我那么点工资，我怎么勤奋得起来？给多少钱，就做多少事。"

我们工作为了挣钱，这是无可厚非的。然而，敬业能让你收获更多的财富，何乐而不为呢？

2.敬业的你能激发老板的好"薪情"

你看见哪家老板喜欢对工作没有兴趣、对工作怠惰、对企业前景认知较差的员工？这样的员工就不具备敬业精神。

搜狐总裁张朝阳是这样评价敬业精神在工作中的重要性的："我公司聘人的标准是敬业精神。我认为，工作是一个人的基本权利。有没有权利在这个世界上生存则看他能不能认真地对待工作。公司给一个工作，实际上是给一个生存的机会，如果能认真地对待这个机会，也才对得起公司给予的待遇。能否干好公司给的工作，能力不是主要的；能力差一点，只要有敬业精神，能力会提高的。"

具有敬业精神的员工，老板对他不会吝啬。因为老板更愿意为一个对公司一丝不苟、对工作耐心的员工花钱，当然对他慷慨的方式有很多，可以给他培训的机会，也可以提拔他，只要老板觉得你是值得投资的，就会对你有好"薪情"。

道格拉斯在来到公司之前，曾经花了很长的一段时间学习和研究怎样使公司赚钱，怎样用最便宜的价钱把货物买进。他来到公司的采购部门后，就非常勤奋而刻苦地工作，千方百计找到价钱便宜的供应商，买进上百种公司急需的货物。道格拉斯所干的采购工作也许并不需要特别的专业知识，其他部门提出需求，他只要决定到哪儿去买就行了，但他兢兢业业地为公司工作，节省了许多资金，这些成绩是大家有目共睹的。在他29岁那年，为公司节省的资金已超过80万美元。公司的副总裁知道了这件事后，马上就提高了道格拉斯的薪水。道格拉斯在工作上的刻苦努力，博得了高级主管的赏识，使他在36岁时成为这家公司的副总裁，年薪超过100万美元。

3.敬业能提高我们的能力

即便是很普通的工作，敬业者也会竭尽全力把工作做好，这是一种成功者的态度。正因为这种态度，他能从最普通的工作中汲取知识，学到自己今后能够不断上升的技能。实践出真知。每一项普通的工作里都有值得学习的地方，踏踏实实地做好每一项工作，就能得到更多更有用的知识。

如果只着眼于眼前的工资，那么就会失去更多的东西，这

第一章　敬业如敬生命

种东西包括能力、金钱。事实上，人与人之间的能力其实差不多，但是，人与人之间的品格却相差很大。正是这种品格的差异才产生了成功与失败，产生了贫穷与富有。表面上看，敬业是有利于公司、有利于老板的，其实，最终获益的却是我们自己。从敬业中，你将获得新的知识、能力、经验、快乐，尤其是养成的敬业习惯，你更会受益终身。

4.敬业能激发我们努力做到最好

只要是我们的工作，我们就有责任把它做得最好。敬业精神能激发我们的责任心，让我们努力把事情做到最好。

陈道明是我们熟知的演员，他的演技得到了很多观众的好评，这源于他高度的敬业精神。中央电视台热播的电视剧《卧薪尝胆》，在拍摄过程中，陈道明为了饰演好越王勾践，在冰天雪地中下跪甚至因此被冻伤了膝盖；为了使观众看起来更真实，表演服刑时戴上真正的木头枷锁，而非道具。

中央电视台《开心词典》栏目在招聘主持人时，首要条件就是要有敬业精神。所以，不论何种行业，是否敬业已经成为企业衡量员工是否优秀的一个重要标准，因为只有具有敬业精神的员工才能做得最好。

5.敬业能激发出我们的主动

没有成功会自动送上门来，也没有幸福会自动降临到每一个人身上。这个世界上所有美好的东西都需要我们主动争取。婚姻如此，财富如此，快乐如此，健康如此，友谊如此，学习如此，机会如此，时间如此，工作如此。

敬业的人积极主动地去寻找目标和任务，不是被动地去适应新使命的要求。人除了做好分内的工作外，还应该多做一点儿分外的工作，给自我的提升创造更多的机会。

没有一种东西你可以轻易得到，只有自己主动去争取。当你主动去做的时候，一切将变得容易，人生会变得美好。主动也就是每天多做一点，不要对自己说我必须为公司做什么，而是要对自己说我能为公司做什么。当你选择主动的时候，从竞争中脱颖而出将是迟早的事。付出与回报是必然的因果关系，它就像在银行里存钱一样，会积少成多。

有一位集团公司的行政总监，成为总监之前，是行政部的一名普通职员。从他一进入公司，就非常努力敬业。很多不是他分内的事，他还是主动做得尽善尽美。每天第一个到办公室，最后一个离开。虽然没有人承诺给他加班费，他还是经常加班，为的是不让工作拖到第二天。

因为他做得多，对公司了解得多，掌握的技能就越多。他

第一章　敬业如敬生命

的表现，经理看在眼里，总经理也看在眼里。总经理对他产生了信任，之后便让他完成更多的任务，并有意地让他参与公司一些重要会议。有同事对他说："总经理增加你的工作，你应该要求加薪。"但他没有要求加薪。

总经理给他增加任务，实际上是在考察和培养他。原来的行政经理年龄虽不大却自负傲慢又不肯承担责任，出了问题总为自己找一大堆理由。经过一段时间考察和培养后，总经理解雇了原来的行政经理，取而代之的是这个普通的职员。

人事命令一公布，整个集团议论纷纷，总经理说出自己的看法："这个年轻人身上有一种最宝贵的东西，是我们公司所需要，却是很多员工所缺少的，就是勤奋、敬业。他的管理能力和经验还欠缺，学历也不高，但只要勤奋、敬业，很快就能具备这种能力，我相信他一定能够胜任这个工作。"

看到与自己平起平坐的小职员做行政经理，原来那些说风凉话的人后悔不已："他不就是多做了一点儿事嘛，我也做得到啊！"

这些人虽然心里后悔，可行动上却没有什么改变，他们依

然消极被动、逃避推诿。最后的结果就是混日子或被辞退。

　　工作敬业，表面上看是为了领导，其实是为了自己，因为敬业能让你从工作中学到比别人更多的经验，而这些经验就是你往上发展的阶梯，就算以后换了地方，从事不同的行业，你的敬业精神也会为你带来更多的帮助。因此，把敬业变成习惯的人，从事任何行业都容易成功。

第一章　敬业如敬生命

敬业如敬生命

在我们的一生中，可能会发生许多意料之外的事情，比如天灾人祸，这些我们都无法选择。但是我们能够选择热爱自己的工作，尽职尽责。我们要像热爱生命一样热爱自己的工作，这是文明生活的体现。无论何时，我们的工作都值得我们为之不懈地努力，因为我们的生命价值是在自己的工作中得到体现的。

"敬业，就是尊敬、尊崇自己的职业。如果一个人以一种尊敬、虔诚的心态对待职业，甚至对职业有一种敬畏的态度，那他就已经具有了敬业精神。但是，他的敬畏心态如果没有上升到敬畏这个冥冥之中的神圣安排，没有上升到视自己的职业为天职的高度，那么他还不具备敬业精神。天职的观念使自己的职业具有了神圣感和使命感，也使自己的信仰与自己的工作联系在了一起。只有将自己的职业视为自己的信仰，那才是真正掌握了敬业的本质。"这是詹姆斯·H.罗宾斯所说的敬业所要达到的高度。可是，因为没有几个人可以做到敬业如敬生命一样，因此也就没有几个人能够取得真正意义上的成功。

木匠师傅乔治做了一辈子的木匠，他在工作当中的敬业和勤奋深得老板的信任。某一天，已经年老力衰的乔治对老板说想退休回家与妻子儿女享受天伦之乐。乔治的老板十分舍不得他，再三挽留乔治，但是他去意已决，不为所动。最终老板只好答应他的请辞，不过在乔治请辞之前老板希望他能再帮助自己盖一所房子。乔治自然无法推辞。

但是这时的乔治已归心似箭，又怎么会把心思全放在工作上呢！他在用料上也不像以前那么严格了，做工作也全无往日的水准。他的老板看在眼里，却没说什么。等到房子盖好后，老板将钥匙交给了乔治。

"乔治，你为我工作了大半辈子，作为我对你的感谢，我把这所房子送给你，所以这是你的房子了。"老板说。

第一章 敬业如敬生命

这时乔治愣住了,悔恨和羞愧溢于言表。他这一生盖了那么多豪宅,最后却为自己建了这样一座粗制滥造的房子。

敬业者将工作当成自己的事,他们忠于职守、认真负责、尽职尽责、一丝不苟、善始善终。因为这种做人之道,他们成就了自己的事业。一个人在社会环境中会受到来自各个方面的影响,如何对待工作是必然遇到的问题,而对这个问题的认识和处理是否得当,将对一个人的生活产生很大的影响。那些追逐名利的人,由于斤斤计较,往往会成为工作的附庸,所以也做不好工作。只有忠诚敬业的人才有可能达到工作的顶点。如果一个人没有正确的工作观,必然在工作中不认真负责,松懈怠惰,得过且过,敷衍了事,不求进取,怨天尤人,斤斤计较,这种人必然在事业上毫无成就。

有一位利用假期到东京帝国饭店打工的女大学生,最初被分配到清洁组里洗厕所。当她第一天将手伸进马桶刷洗时,差点当场呕吐。勉强撑过几日后,实在难以为继,就决定辞职。和她一起工作的一位老清洁工为了劝告她,居然在清洗工作完成后,从马桶里舀了一杯水喝下去。她看得目瞪口呆,但老清洁工却自豪地表示,经他清理过的马桶,干净得连里面

的水都可以喝下去。老清洁工的这个举动给了她很大的启发，让她了解到敬业精神就是做任何工作，都有理想、有境界。而工作的意义和价值，不在其高低贵贱如何，却在于从事工作的人，能否把重点放在工作本身并用心去做。此后，再进入厕所时，她不再引以为苦，却视为一种自我磨炼与提升，每次清洗完马桶，她总是扪心自问："我可以从这里面舀一杯水喝下去吗？"假期结束，当经理验收考核成果时，她在所有人面前，从她清洗过的马桶里舀了一杯水喝了下去！

她的这个举动同样震惊了在场的所有人。毕业后，大学生顺利进入帝国饭店工作。凭着敬业精神，37岁之前，她成了日本帝国饭店最出色的员工和晋升最快的人。37岁以后，她步入政坛，最终在大选中成为日本内阁邮政大臣！这位女大学生的名字叫野田圣子。这位内阁大臣每次自我介绍时总是说："我是最敬业的厕所清洁工和最忠于职守的内阁大臣……"

对工作不负责，就是对自己的人生不负责，对自己的生命不负责任。一个勤奋敬业的人也许并不能获得上司的赏识，但至少可以获得他人的尊重，并会一辈子从中受益。我们应该把敬业当成一种习惯，有了这种习惯，就不愁在事业上无所成就

第一章　敬业如敬生命

了。是的，也许你的职业是平庸的，但是，如果你以尽职尽责的态度去工作，你也能获得极高的赞誉。

对绝大多数人而言，事业是他们生命中最重要的部分。因此，敬业是一种人生态度，是珍惜生命、珍视未来的表现。如果在你的工作中没有了职责和敬业，你的生活就会变得毫无意义，所以，不管你从事什么样的工作，卑微的也好，令人羡慕的也好，都应该尽职尽责，不断地进步。

认真对待工作

功夫不负有心人。只要用心对待一件事情,认认真真地去做,就一定能收获成功。

世界上的事最怕"认真"二字,任何人都不能回避"认真"二字,只有"认真"才能有所成就,才能成功。只要你认真,凡事都必能达到成功。人们要想做任何事,没有全身心投入的精神是不行的。反之,有了全身心投入的精神,也就会有相应的对工作高度负责、一丝不苟、精益求精的态度和作风,从而把事情办成、办好。在每一个企业里,老板都会赏识认真工作的员工。认真工作是一种值得任何人尊敬的美德。

第一章 敬业如敬生命

国际企业战略网的CEO秦绍山说:"在很多时候,我都为我现在拥有一群敬业、忠诚的员工而自豪,他们在这个群体中生活得非常快乐,过得非常轻松。我经常强调,在公司里无论你处于什么样的位置,无论你是国际企业战略网的最高领导者,还是一名小职员,你都要尊重自己所从事的工作。如果你轻易地否定自己所从事的工作,否定在这个团体中的重要性,你就犯了一个巨大的错误。罗马演说家德勒普立特说过:'所有的手工劳动都是卑贱的。'从此,罗马的辉煌历史就烟消云散了。"

如果我们能够尊重自己的工作,认识到自己工作的重要性,就会去思考为什么要工作,就会抛弃那些庸俗的工作观念,让工作的世界更精彩。

一位心理学家为了实地了解人们对于同一件工作在心理上所反映出来的个体差异,他来到一所正在施工的大教堂,对现场忙碌的敲石工人进行访问。

心理学家问他遇到的第一位工人:"请问你在做什么?"

这位工人无精打采地回答道:"在做什么?你难道没瞧见吗?我正在用这个重得要命的铁锤来砸碎这些该死的石头,而这些该死的石头又特别的硬,把我的手震得酸麻不已,这真不

是人干的工作。"

心理学家又找到了第二位工人,问的还是那句话:"请问你在做什么?"

第二位工人满脸无奈地答道:"为了每周500元的工资,我才愿意做这件工作。如果不是为了一家人的温饱,谁乐意干这份敲石头的粗活儿!"

心理学家问了第三位工人同样的问题:"请问你在做什么?"

第三位工人目光中闪烁着喜悦的神采:"我正在参与兴建这座雄伟的大教堂。落成之后,这里可以容纳许多人来做礼拜。虽然敲石头的工作很累,但当我想到将来会有不计其数的人来到这儿接受上帝的祝福,心中就感到特别有意义。"

为什么同样的工作、同样的环境,三位工人会有不同的感受呢?就是因为他们对自己的工作作出不同的认识,从而也就有了不同的工作态度,也就有了不同的价值体现。若干年后,这位心理学家在整理采访资料时发现了这段记录,忽然产生了强烈的欲望,很希望了解这三个敲石工人的现状……

他很快找到了这三个人,结果却令他非常吃惊:第一个

第一章　敬业如敬生命

敲石工人还是几十年如一日，依旧像从前一样在干着低级的工作，还是一个普普通通的建筑工人；第二个开着机器在施工，他现在已经是一位司机了；至于第三个人，现在是一家房地产企业的老板——前两个人正在他的企业工作呢！

是什么原因造成了三个敲石工人不同的命运呢？原因很简单，因为态度是决定一个人前途的核心动力！员工一旦形成把工作当成事业的信念，在工作中就能获得更多的乐趣和收益，就会积极主动，就会早来晚走，加班加点，做出比别人更多的成绩，收获比别人更多的成果，提高比别人更大的能力。这就是说，无论你从事什么工作，都要受到能力、态度和行为三大要素的影响。

1.能力

美国第三十任总统卡尔文·柯立芝说："世界上几乎每个人都有自己擅长的方面，人们之所以会失败，是因为他的才能没有得以充分地发挥。"

每个人都拥有极大的潜能，但是有些能力却从来没有发挥过。不能得以充分发挥的能力可能很快就成了不合时宜的老古董，并且会随着时光的流逝而生锈，甚至会永远也找不回来。只要我们充分发挥自己的潜能，全力以赴，必然能够为自己创

造出更多的机会。

2.态度

爱迪生说:"我这一辈子从来没有工作过,我只是在玩而已。"爱迪生深信,工作的目的应该是生产力、乐趣及满足感。爱迪生一生所成就的事业,便是这套工作哲学活生生的印证。而古希腊神话里的邪恶的国王西西弗斯王的故事则充分说明了另外一种截然不同的工作态度。西西弗斯王因犯了戒条被宙斯打入冥府做苦役,罚他每天必须推动庞大的巨石到山上去。他每天都要重复这样的过程,日复一日都是艰辛、枯燥而且毫无意义的工作。其实,现实生活中许多人都是这么看待自己的工作的,每天应尽的责任对他们而言,简直就是西西弗斯王日复一日没有结果的苦役的翻版。

从工作中获得快乐、成功及满足感的秘诀并不在于专挑自己喜欢的事情做,而是喜欢自己所从事的工作。

请记住,秉持爱迪生工作哲学的一个额外奖励是:你可以像爱迪生一样,这辈子再也不用工作了。

3.行为

毕业于西点军校的美国在线前首席执行官詹姆斯·金姆塞在接受记者采访时说:"我出身军营与能在商业上做出成绩并

第一章　敬业如敬生命

不矛盾，其实西点培养的并不仅仅是军事人才，我在那里还学到了很多东西，包括怎样定位自己。西点要求每个学员都有当将军的愿望与每个员工都应当有当公司管理者的愿望一样，这是责任心和主动性的最好驱动。"

绝大多数员工都在一个社会机构中奠基自己未来的生涯。只要你还是某一机构中的一员，就应当抛开任何借口，投入自己的忠诚和责任。一荣俱荣，一损俱损！将身心彻底融入公司，尽职尽责，处处为公司着想，对投资人承担风险的勇气报以钦佩，理解管理者的压力，那么，任何一个上司都会视你为公司的支柱。

如果公司陷入困境，一个有责任心的员工最好走到上司面前，自信地、心平气和地指出上司的方法是不合理的、荒谬的，然后告诉上司应该如何改革，甚至可以自告奋勇地去帮助公司清除那些不合理的弊端。

哈佛大学商学院的罗伯特·沃特曼教授认为，一个人应该永远同时从事两件工作：一件是目前所从事的工作；另一件则是真正想做的工作。如果一个人能将该做的工作做得和想做的工作一样认真，那么，这个人一定会成功。

正是受这三点的启示，在国际企业战略网，张其金强调每

个员工都应该尊重自己的工作,他经常告诫大家:"你们千万不要把自己现在所从事的工作看成是无足轻重的。你们应该把它看作是你们实现自我价值的平台,如果你们认识到这点,你们就不会对自己现在所从事的工作敷衍了事,就不会把心思放在怎样才能脱离现在的工作上;而是去不断追求上进,获得新的发展。"

如果一个人无法认真工作,不管他的工作条件有多好,都会让成功的机会从身边溜走。如果我们能够把我们的工作做到忘我的程度,这就是一种认真的体现,就说明我们已经在工作中体会到工作的乐趣。我们就能克服困难,达到他人所无法达到的境界,并得到应有的回报。

尊重自己的工作

　　无论你所从事什么样的职业，也不论你所担任的什么职位，都要尊重自己的工作。只有尊重才能认真去做，才能收获好的结果。

　　职业是生命的重要价值，不允许我们去敷衍它，或者忽视它。在人生的道路上，我们都是幸运的，我们每个人都有权利去选择一份自己所热爱的事业。这份事业，需要我们用所有的热情去浇灌。

　　梁启超在他的《敬业与乐业》中是这样描述的："敬字为古圣贤教人做人最简易、直捷的法门，可惜被后来有些人说

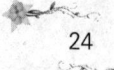

得太精微，倒变了不适实用了。惟有朱子解得最好，他说：主一无适便是敬。用现在的话讲：凡做一件事，便忠于一件事，将全副精力集中到这事上头，一点不旁骛，便是敬。业有什么可敬呢？为什么该敬呢？人类一方面为生活而劳动，一方面也是为劳动而生活。人类既不是上帝特地制来充当消化面包的机器，自然该各人因自己的地位和才力，认定一件事去做。凡可以名为一件事的，其性质都是可敬。当大总统是一件事，拉黄包车也是一件事。事的名称，从俗人眼里看来，有高下；事的性质，从学理上解剖起来，并没有高下。只要当大总统的人，信得过我可以当大总统才去当，实实在在把总统当作一件正经事来做；拉黄包车的人，信得过我可以拉黄包车才去拉，实实在在把拉车当作一件正经事来做，便是人生合理的生活。这叫作职业的神圣。凡职业没有不是神圣的，所以凡职业没有不是可敬的。唯其如此，所以我们对于各种职业，没有什么分别拣择。总之，人生在世，是要天天劳作的。劳作便是功德，不劳作便是罪恶。至于我该做哪一种劳作呢？全看我的才能何如、境地何如。因自己的才能、境地，做一种劳作做到圆满，便是天地间第一等人。"

　　一个人想要成功就要敬业，敬业的前提就是尊重自己的职

第一章　敬业如敬生命

业，因为一个看轻自己职业的人，心里的蔑视让他不可能全心全意地去对待工作，只有尊重并以自己职业为豪的人才能迸发出高度的热情来为自己的职业服务。

怎样尊重自己的工作呢？

在2006年全国五一劳动奖章获得者中，18名农民工格外引人注意。在这18人中，有7人来自建筑业，4人来自采掘业和制造业，7人来自服务业和其他行业。管道工、浇注工、木工、钢筋工、炉前工、搬运工、清洁工、饭店服务员、保安等，他们都从事着一些城里人不愿意干的职业，但是都在平凡岗位上创造了不平凡的业绩，为什么？他们中间的每一个人都极其热爱和尊重自己的工作，不觉得自己的工作给自己丢脸，相反地，正是因为这种精神，他们努力工作，得到的是除了他们自己以外更多人的尊重和理解。

有一个发生在美国纽约曼哈顿的故事：

在美国著名企业"巨象集团"总部大厦楼下的花园里，有一位40多岁的中年女人领着一个小男孩走进来坐在了长椅上。她看起来似乎对那个男孩很生气，不停地在说着什么。

离他们不远的地方有一位头发花白的老人正在修剪灌木。突然，中年女人从挎包里揪出一团卫生纸，一甩手将它抛到老人刚剪过的灌木上。老人诧异地看了一眼中年女人，什么话也没说走过去把纸扔进了垃圾筐。而中年女人却看起来满不在乎的样子。

过了一会儿，中年女人又揪出一团卫生纸扔了过来。老人再次把纸扔进垃圾筐，然而，老人刚回到原位拿起剪刀，第三团卫生纸又落在了他眼前的灌木上……一会儿工夫，老人一连捡了那中年女人扔的六七团纸，但他始终没有露出不满和厌烦的神情。

"你看见了吧！"中年女人指了指修剪灌木的老人对男孩说："我希望你明白，你如果现在不好好上学，将来就跟他一样没出息，只能做这些卑微低贱的工作！"

老人听见这话，放下剪刀走过来，对中年女人说："夫人，这里是集团的私家花园，按规定只有集团员工才能进来。"

"那当然，我是'巨象集团'所属一家公司的部门经理，就在这座大厦里工作！"中年女人骄傲地说并掏出一张证件朝老人晃了晃。

"我能借用一下你的电话吗？"

第一章　敬业如敬生命

中年女人非常不情愿地把手机递给老人，同时对男孩说："你看这些穷人，这么大年纪了连手机也买不起。你今后一定要努力啊！"

老人打完电话后，一名男子匆匆走过来，女人认识那个男子，他是巨象集团主管任免各级员工的一位高级经理。男子恭敬地站在老人面前，老人对他说："我现在决定免去这位女士在'巨象集团'的职务！""好的。"男子答道。

老人说完走向那个男孩说："我希望你明白，在这世界上最重要的是，要学会尊重每一个人和每一份工作……"说完，老人缓缓而去。

中年女人大惑不解地问那位男子。

男子说："他是集团总裁詹姆斯先生。"

这个故事表面上看是教育人们要尊重人，可是，有时候轻视人是因为轻视他的工作。其实，每一个人，每一份工作都是我们必须尊重的，不能因为所在的工作岗位平凡，就可以随意地践踏别人。对自己也是一样，不要以为你的职业比别人高贵多少，或者比别人低贱多少。因为你觉得你的工作高贵，那你就是在践踏别人，这样的人会遭到别人的轻视；不是轻视你的工作，是轻视你的为人。如果你觉得你的工作比别人低贱，那就是你自己在践踏自己，连自己都轻视自己，这样的人，别人会更轻视你。

尊重就是要抛弃一切世俗的成见，无所谓贵贱，任何工作都有其双面性，既可以是伟大的，也可以是平凡的。我们说它伟大是因为这个世界的一切需要由各种各样职业组成，精彩是由每一个人创造的，说它平凡是因为工作是每个人生存的一种手段，不管是为了糊口而工作，还是为了抱负而工作，生存状态的不同不能改变它本来的性质。工作本身对于每个人都是平等的，不平等的是人心。

其实，人生活在这样一个社会里，真正能抛开名利是很难的，毕竟只有少数人能如此超脱。但是，对于那些因为从事的工作而给自己带来自卑的人来说，自卑的产生是因为名利心的唆使，骄傲也是因为名利心唆使的，从心理学的角度来说，骄傲的人会因为别人的自卑更加得意。所以，你越自卑，你的对手越得意。反之，你如果能洒脱地对待别人的评价，以一种平常并且带有敬意的眼光来看待自己的工作，久而久之，别人也就失去了调侃你的兴趣，不会再因此津津乐道，相反，会对你和你的工作产生敬畏。

第一章 敬业如敬生命

　　事情总是多方面的，既然有看轻自己工作的人，那当然也就有以自己工作为荣的人，这样的人尊重自己的工作，因为工作给他带来了自豪和骄傲，他没有理由不尊重它。

　　另一种人看轻自己的工作是因为他们觉得工作就是给他们提供生活保障的依靠，认为工作是谋生的手段，是无可奈何的劳碌之举，而不是把它看作创业的必由之路和获取健全人格的手段。如果这样想那就大错特错了，既然你认为工作只是为了生存而已，那你人生的重点又在哪里？是生活么，期望有快乐而富足的生活？那么，快乐富足的生活在一定程度上是建立在物质基础上的，工作恰恰是你物质基础的来源。俗话说，饮水思源。你有理由不尊重自己的工作么？或许又有人说了，快乐富足的生活不一定需要丰厚的物质基础。我所追求的是精神世界的富足。首先，不论你选择的是什么样的生活状态，生存是前提，我们没有理由轻视为我们的生存提供物质保障的工作。

　　当然，如果思想中充满了名利，没有正确的工作观，只为了名利而工作，这样的态度是不能够长久的，也很难在事业上有所成就。一个勤奋敬业的人也许暂时不能获得上司的赏识，但可以获得他人的尊重。这种精神就是人生的一笔财富，不管走到哪里，从事什么样的工作，你都会为自己的工作感到骄傲

和自豪，总有一天你会超越平凡。

一个敬业的人能面对任何困难，能在挫折面前认真总结教训，永远以积极的态度看待成功与失败；他们不会去计较报酬和名誉，不受周围环境的干扰，不受利诱，按照既定的目标，始终如一地做好工作，最终将名利双收。

工作是我们生活中的一部分，因为工作，我们得到了幸福；因为工作，我们得到了快乐；因为工作，我们得到了生活中物质的享受；因为工作，我们得到了我们想得到的东西。所以，我们一定要尊重自己的工作，并认认真真地去完成它，只有这样，我们才能快乐地工作、快乐地生活。

第一章　敬业如敬生命

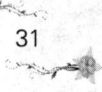

以良好的态度对待工作

　　良好的工作态度是获取成功的基石，无论你现在所处的环境如何，遇到什么样的困难，你都千万不要放纵自己，让自己堕落。要时刻提醒自己，一定要始终保持积极向上的态度，全心全意地对待自己的工作。

　　从古到今，职业道德一直是人类工作的行为准则，在经济迅速发展的今天，职业道德是成就大事所不可或缺的重要条件。而敬业就是一个职业人所具备的职业道德中的一种，敬业不仅仅是拿人工资，替人工作，对领导有所交代，更重要的是要把工作当作自己的事业，要拥有使命感和道德感。因为每个人的工作都不只是为了谋生,我们还要通过工作实现自己的人生价值。敬业是把使命感注入到自己的工作当中,敬重自己的职业,并从努力工作中找到人生的意义。从世俗的角度来说,敬业就是敬重自己的职业,将工作当成自己的事,专心致力于事业,千方百计地将自己的事办好。其具体表现为忠于职守、尽职尽责、认真负责、一丝不苟、善始善终等职业道德。

有人说,人生最大的财富有两个,其中之一就是敬业。人与人之间的能力其实差不多,但是,人与人之间的品格却相差很大。正是这种品格的差异才产生了成功与失败,产生了贫穷与富有。在表面上看,敬业是有利于公司,有利于老板的,其实,最终获益的却是我们自己。从敬业中,你将获得新的知识、能力、经验;快乐,尤其是养成的敬业习惯,更会让你受益终身。

敬业是许多良性行为的综合,可以归结为四种态度。

1.勤奋

敬业首先就要勤奋,因为勤奋就是一个实施行为的过程。在现实生活中,一些人天生就是懒惰的,都尽可能逃避工作。他们大部分没有雄心壮志和负责精神,宁可期望别人来领导和指挥,就算有一部分人有着宏大的目标,也缺乏执行的勇气。

第一章 敬业如敬生命

他们对组织的要求与目标漠不关心，只关心个人，其个人目标与组织目标自相矛盾；他们缺乏理性，不能自律，容易受他人影响；他们工作的目的在于满足基本的生理需要与安全需要。

一些人之所以天生懒惰或者变得越来越懒惰，一方面是所处环境给他们带来安逸的感觉；另一方面人的懒惰也有着一种自我强化机制，由于每个人都追求安逸舒适的生活，贪图享受在所难免。此时，如果引入外来竞争者，打破安逸的生活，人们立刻就会警觉起来，懒惰的天性也会随着环境的改变而受到节制。有人说，如果将人生分为两个阶段，30岁以前和30岁以后，那么，30岁以前是用金钱买智慧，30岁以后是用智慧换取金钱。工欲善其事，必先利其器。我们要趁自己年轻的时候，利用一切工作机会来学习，来锻炼，来提高。如果眼睛盯着的只是那么一点工资，那么，你就永远无法取得大成就。如果一个人的工作目的仅是为了工资的话，那么，他注定是一个平庸的人，也无法走出平庸的生活模式。所有的有心者、成功者，他们工作的目的绝不是为了那一份收入，他们看到的是工作后面的机会，工作后面的学习环境，工作后面的成长过程。工作固然也是为了生计，但比生计更重要的是什么？是品格的塑造，能力的提高。疯狂英语创始人李阳最喜欢说的一句话是，

"只要你有三餐饭吃,你就可以把除此之外的时间和精力用于学习和提高。"

2.将你手头的工作努力做到最好

每个人都有一份工作或者是自己应该做的事情,为了更好的生活,我们有理由在做这些事情的时候让自己开心,因为我们做事就是为了让自己和别人都生活得更好。工作肯定是件辛苦的事,不自己寻找其中的乐趣,谁还会给你乐趣呢?承担责任肯定不是件很轻松的事情,这就要看你怎么想。首先承担责任是对你价值和能力的一种肯定和证明,如果你不具备承担责任的能力或者做不好一件事情,别人会让你承担责任吗?能够想到这一点,你就应该感到骄傲,因为你的存在是有价值的。还有,对责任的承担肯定会让别人从中获得幸福和满足,一个能让别人幸福和快乐的人,他就是值得尊敬的人。同样,这也可以满足你自尊的需要。再次,如果你能把承担责任想象成是一种快乐和幸福,你就不会因为压力而感到郁闷和沉重,你同样会从承担责任中获得幸福和快乐,这是一种双向的平衡,你为什么不这么做呢?把一件原本沉重的事,想得轻松一些,不但自己的情绪因此而得到了释放,而且会把事情做得更好。

第一章　敬业如敬生命

3.主动

没有成功会自动送上门来，也没有幸福会自动降临到一个人身上。这个世界上所有美好的东西都需要我们主动去争取。婚姻如此，财富如此，快乐如此，健康如此，友谊如此，学习如此，机会如此，时间如此，工作如此。天上绝对不会掉下馅饼。没有一样东西你可以轻易得到，只有主动去争取。在公司里，如果你想有好的人际关系，你就必须选择主动问候，如果你想受人欢迎，你就必须主动承担责任，如果你想有机会晋升，你就必须主动争取任务，如果你想提高自己的演讲能力，你就必须主动发言，如果你想要在工作中取得成就，就要主动地工作。

4.努力苦干，富有责任感

所有的工作没有捷径，只有苦干才能走向成功。一个人只有对自己所从事的工作、事业负责才能做出非凡的业绩。也就是说，无论做什么事，在什么岗位，从事何种工作，都必须具备强烈的责任感，因为工作意味着责任。强烈的责任感是做好一切工作的强大动力，是战胜一切困难的强大武器。有了强烈的责任感，不可能完成的任务也能够完成得相当出色。如果一个员工有强烈的责任感，不仅能够完成自己的工作，还能够时刻为企业着想。有责任感就会敬重工作，热爱岗位，忠于企业。

　　"放弃了自己对社会的责任，就意味着放弃了自身在这个社会更好的生存机会。"这句话让我们认识到勇于承担责任的重要性，在这个分工合作的社会，我们都要坚守自己的责任。

第一章　敬业如敬生命

敬业助你走向卓越

据美国一家人力资源机构调查，美国企业的员工中，25%的员工是真正敬业的，50%的员工敬业水平一般，而剩下25%的员工是不敬业的，符合正态分布。该家机构还得出一个结论，美国优秀企业中，50%～60%以上的员工是非常敬业的。

缺乏敬业精神是企业不可忽视的一个问题。根据翰威特的"最佳雇主"调查结果显示，2003年中国最佳雇主的敬业度是80分，但所有参加调查公司的平均分是50分，两者之间存在着巨大的差距。与2001年调研结果比较，2003年在华公司的员工敬业度分数有了显著的提高。总体来说，参加当年中国区调研的所有公司的员工敬业度得分提高了7%，而最佳雇主公司本身的员工敬业度得分比2001年提高了12%。

参加翰威特当年调研的68家中国公司均为外资企业，最终获"最佳雇主"称号的企业都是微软公司、英特尔公司或强生公司等大名鼎鼎的企业。连获"最佳雇主"荣誉的企业的员工敬业度只有80分，可以据此想象出其他的中国公司会是怎样一种情形。

缺乏敬业精神是团队建设不容忽视的问题，因为根据盖洛普进行的42项调查表明，在大部分公司里，75%的员工不敬业，就是说公司里的多数员工不敬业。而且，研究结果也说明，员工资历越长，越不敬业。平均而言，员工参加工作的第一年最敬业。随着资历加深，他们的敬业度逐步下降，大部分资深员工"人在心不在"或"在职退休"。而不敬业的员工会给所在公司带来巨大损失，表现为浪费资源、贻误商机，以及收入减少、员工流失、缺勤增加和效率低下等。

日本汽车"推销大王"椎名保久，发现在生意场上，人们习惯于用火柴替对方点烟，然后把火柴留给对方。于是，他向火柴厂特制出了一种火柴，在盒上印上自己的名字、公司的电话号码和公司附近的地图，然后赠给自己的客户。一盒火柴很多

第一章　敬业如敬生命

根,每点一次烟,电话号码和地图就会出现客户面前一次,而一般吸烟者通常都是在兴奋或困惑时才点火抽烟,习惯凝视火柴来思考。这种"无意识的注意"给人们留下特别深刻的印象。正是利用这小小火柴的影响,椎名保久的业务额大幅度上升。

伟大的科学发现和重要的岗位,容易调动敬业精神;而一些普普通通的工作,想敬业也敬不起来。道理并非如此。在这些人眼里,房屋维修工作和公共汽车售票员的工作再普通,再平凡不过了,但徐虎、李素丽并没有看不起这份工作,他们发扬敬业精神,在平凡的岗位上做出不平凡的贡献。只要你有敬业精神,任何平凡的工作都可以干出成绩。

要做到敬业,就要求我们有"三心",即耐心、恒心和决心。任何事情都不是一蹴而就的,不可只凭一时的热情,三分钟的热度来工作,也不能在情绪低落时就马马虎虎,应付了事。特别在平凡的岗位上要做到长期爱岗敬业,更需要坚忍不拔的毅力。

你如果具有强烈的实干敬业精神,你自然能得到重视,受到重用,脱颖而出。敬业的人更容易有所成就,因为他能从工作中学到比别人更多的经验,并提高自己的能力,而这些正是向上发展的踏脚石。就算你以后换了地方,从事不同的行业,

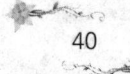

丰富的经验和好的工作方法也会为你带来帮助，你的敬业精神也会使你的成功一路顺畅。因此，把敬业变成习惯的人，从事任何行业都容易成功。敬业精神不是与生俱来的，它需要我们不断地培养和锻炼自己的敬业精神，时常检测自己，看看自己与敬业还差多少。平日以认真负责的态度做工作，让敬业精神逐渐成为习惯。

当敬业成为习惯之后，它不会立竿见影地给你带来可观的收入，但可以肯定的是，如果你养成"不敬业"的不良习惯，你的成就一定会相当有限。每一个职场中人，都应该磨炼和培养自己的敬业精神。因为无论你从事什么工作，或做到什么位置，敬业精神是你走向成功的宝贵财富。当敬业成为习惯，我们任何人都能取得成功，或者至少会改变你目前的状态。

具体地说，敬业有以下四种表现：

1.忠于职守

世界上有三种事，第一种事是想做的事，也就是希望做的事；第二种是能做的事；第三种应该做的事。在竞争激烈的现代社会，毫不夸张地说，一个公司的存亡取决于其员工的敬业程度。只有具备忠于职守的职业道德，才有可能为顾客提供优质的服务，并能创造出优质的产品。如果把界定的范围扩大到

第一章　敬业如敬生命

以国家为单位,那么一个国家能否繁荣强大,也取决于人们是否敬业。

2.尽职尽责

全心全意就等于尽职尽责。如果工作没有完成,我们首先要问自己这样一个问题,我尽力了吗?我尽心了吗?如果你尽力了,尽心了,没有人会指责你,什么叫问心无愧,尽职尽责就叫问心无愧。要做到尽职尽责,我们需要做下面的事:

(1)努力学习,提高完善自己的能力和素质。学习不仅是自己的事,也是公司的事。能力的提高,会反映在工作的结果上,最终会在你的收入上体现出来。

(2)重视团队合作。工作已不再是一个人的事。团队合作是取得成功的必要条件。尽职尽责就要确保自己能融入到团队中,为团队目标的完成尽自己的努力。

(3)做到精通。人的知识有两种,普通知识和专业知识。决定我们命运的并不是前者,而是后者。生存的工具是你的专业,只有精通才能胜任工作,如果不是,说明你还不够敬业。

3.一丝不苟

有人说,成功取决于细节。我们学数学,就是从0开始的。我们学英语,是从字母A开始的。对细节关注的人,本身

就是一个有心的人。蒙牛的老板牛根生说："这个世界既不是有权人的世界，也不是有钱人的世界，而是有心人的世界。九层之台，起于垒土，千里之行，始于足下，成功本身就是一种累积，罗马也不是一天建成的。"对工作一丝不苟，就是对自己一丝不苟，就是对自己的前途和未来一丝不苟。如果你认为你的前途一文不值，你就可以不选择一丝不苟。如果你觉得天上有一天会掉下馅饼，你也可以选择得过且过。

4.自动自发

什么是自动自发？就是两个字——主动。没有成功会自动送上门来，也没有幸福会自动降临到一个人身上。这个世界上所有美好的东西都需要我们主动去争取，婚姻如此，财富如此，快乐如此，健康如此，友谊如此，学习如此，机会如此，时间如此，工作亦如此。天上绝对不会掉下馅饼。有些人以平庸的态度对待工作：差不多就行；只要我一天的工作对得起我所拿到的工资就行；我一天工作八小时，对得起老板就行；我为什么要主动做事呢，老板又不给我加薪；稍遇到不顺心的事就不积极进取等。他们无论是在生活中，还是在工作中都抱着平庸的态度做事，结果也就以平庸收场。这就是说，如果一个人的工作没有主动性，没有进取心，那么，他们的人生也就是

第一章　敬业如敬生命

苍白的。只有当你主动的时候，一切将变得容易，世界将变得和谐，人生自然会变得美好。主动也就是每天多做一点，不要对自己说，我必须为公司做什么，而是要对自己说，我能为公司做什么。当你选择主动的时候，从竞争中脱颖而出将是迟早的事。付出与回报是必然的因果关系，付出得越多，得到得也会越多。

　　如果一个人没有对自己所从事的事业充满崇敬之情，那无论怎么他都是不可能会获得成功的。敬业是一个人有所成就的基石，是孕育事业火种的开始。无论我们处在一个什么样的地位，都应该以正确的态度对待工作，这样才能在不断进步的同时一步步迈向卓越，迈向成功的巅峰。

敬业才能站稳脚跟

敬业是一种需要,也是把一份工作做好的基本要求,因为它集中体现了对工作的责任感。很多公司在招聘过程中,都要考核应聘人员是否敬业。作为职场中人,敬业是我们应该具有的基本职业素质。要做到敬业就要在工作中严格要求自己,而不能松松散散地混日子,日子混久了,你会给你的老板和同事留下不敬业的印象。

IBM公司的创始人沃森极为看重敬业的问题,并将"敬业"和"思考"作为公司追求的永不终止的信条和追求。他认为,加入一个公司是一种要求绝对忠诚敬业的行为,是对自己人生价值的肯定和再造。

沃森曾对员工说:"如果你是忠诚敬业的,你就会成功。只要热爱工作,就会提高工作效率,忠诚敬业和努力是融合在一起的,敬业是生命的润滑剂。对工作敬业的人没有苦恼,也不会因困惑而动摇,他坚守着航船,如果船要沉没,他会像一个英雄那样,在乐队的演奏声中,随着桅杆顶上的旗帜一起沉没。"

IBM一直坚守着这个信条,并将其渗透到企业的各个层面,使每一个员工都在这一思想和精神的熏陶下,持久地忠诚敬业于IBM公司,并形成一种强大的凝聚力和向心力。

认真地工作,表面上是为了获得领导和同事的认可和赞扬,实际上是为了自己。如果你具有敬业的职业习惯,就能从工作中学到比别人更多的经验,这些经验是你以后事业发展的铺路石。即使你以后不从事这个行业,你的敬业精神也会对你产生积极的影响,因为它已经是你做事的习惯。而一个习惯认真做事的人,不论从事什么行业都会不断进步,直到取得成功,因为什么样的困难都害怕人认真。

养成敬业的习惯之后,也许不能为你带来即时的好处,但可以肯定的是,如果你养成了一种"不敬业"的习惯,做事散漫、马虎且不负责任,这种习惯肯定会让你在你的职业圈内臭

名昭著，结果可想而知。

宋朝著名思想家朱熹说："敬业者，专心致志以事其业也。"关于敬业，我们可以从两个层次去理解。低层次来讲，敬业是为了对领导有个交代。如果我们上升到一个高度来讲，那就是把工作当成自己的事业，要具备一定的使命感和道德感。不管从哪个层次来讲，"敬业"所表现出来的就是认真负责的态度做事，一丝不苟，并且有始有终地完成自己的工作。

敬业是一种人生态度。因为我们一天大部分的时间都在工作，或者在做一些准备工作。所以，从这个层面上来说，对工作不负责的人，也就是对自己的人生不负责。

詹姆斯大学毕业以后，应聘到一家国际知名的大公司工作。刚开始他被分配到总部做行政工作，每天处理一些零星琐碎的事情，就在这个看起来并不怎么起眼的部门，当时聚集了很多博士或者有更高学历的尖端人才，这让詹姆斯感到压力很大。

工作了一段时间之后，詹姆斯发现部门里的很多同事都很傲慢，架子一个比一个大，仰仗自己的学历高、资历深，对于身边一些实质性的工作视而不见，大多数人都热衷于"第二职

业"，并不把自己的工作当成头等重要的事情来做，一点责任心都没有。

詹姆斯并没有被这种懒散的氛围所影响，他一心扑在工作上，从早埋头苦干到晚，还经常加班加点。因此，詹姆斯的业务水平提高得很快，成为部门里不可缺少的人，也逐渐受到了上级的重用。詹姆斯凭借着自己敬业的工作态度和干练的工作作风，在同事中渐渐变得出类拔萃，成为部门经理的得力助手，没多久就得到升职和嘉奖。

詹姆斯的经历告诉我们，不管周围的人怎样，我们都要以敬业的态度来要求自己，做好自己的工作，并在工作中不断地学习和进步，这样你一定能在职场中有所作为，升职也便是水到渠成的事。

敬业不仅仅表现为认真负责的工作态度，它还是一种发自内心的要求上进、不甘平庸的勤奋精神。

戴维在一家医疗器械公司工作。他很不满意自己的工作，常常跟朋友抱怨，说老板一点儿也不重视他，整天不把他放在

眼里，改天非跟老板摊牌，辞职不干了。

一个朋友反问他："你对公司的销售技巧都了解了吗？他们做医疗器材的窍门你都掌握了吗？"

"没有。"

"所谓'君子报仇，十年不晚。'你可以在现在的公司好好学习一下，等把公司的销售运营完全弄通了，然后辞职不干。"朋友继续说，"你把现在的公司当作免费学习的地方，什么都学会了之后再一走了之，不是既出了气，又有收获吗？"

戴维想想朋友的话也不无道理，便决定利用还在这家公司工作的时间，好好学习，并且在下班之后还留在办公室里研究销售理论。

半年之后，这个朋友又问他："学习得差不多了吧？准备什么时候跟老板摊牌不干了？"

戴维说："最近半年多以来，我发现老板开始对我另眼相看，不断地委以重任，既加薪，又升职，我现在已经是公司里的重要人物了，为什么要辞职呢？"

第一章　敬业如敬生命

这是戴维的朋友早就料到的事情。其实当初老板不重视戴维，只是因为戴维能力不足，不够努力，而后他痛下决心学习，能力不断得到提高，老板对这样的员工当然会刮目相看。

很多时候，我们不能只是抱怨环境不好，待遇不好，老板不好，而是应该反省一下自己对于工作，有没有投入全部的精力，有没有养成敬业的习惯。如果这些我们都做到了，肯定会得到老板的赏识和重用的。

敬业是一个公司发展的需要，也许有时公司不会看到我们曾经的付出，但我们不应该抱怨公司、抱怨社会，而是应该持着"感恩"的态度去工作。既然公司给了我们工作的机会，给了我们发展的空间，我们每个人都有责任、有义务、责无旁贷地去做好每一项工作，都应该为公司尽好自己的责任，以求无愧于心。

敬业是一种美德，一种习惯，一种人生态度，是最基本的做人之道，也是成就事业的首要条件，是培养火种的薪柴。无论从事什么工作，都请记住，敬业不仅仅是为了工作或者别人，更是为了自己。要精其术，力求做得更好，成为本行业的行家里手。要竭其力，对待事业要有有老黄牛吃苦耐劳的精神，愚公移山的意志，着眼于大局，立足于小事，努力在平凡

的岗位上做出不平凡的业绩。把承受挫折、克服困难当作是对自己人生的挑战和考验,在克服困难、解决问题中提升自己的能力和水平,在履行职责中实现自身的价值,要把公司的事当自己的事,让自己和公司有一个更好的发展前途。

工作中无小事

没有任何工作是不值得我们去做的，无论工作的内容是什么，无论面对的工作环境是松散还是严格，我们都应该认真地去工作，不要没有监督就不工作，老板一转身就开始偷懒。你只有在工作中锻炼自己的能力，使自己不断提高，升职加薪的事自然会落到你头上。因为一个企业要发展壮大，老板就势必需要一批恪尽职守的员工来帮助自己，此时他不提拔重用你，难道去提拔重用那些做事得过且过、马虎敷衍的人？老板为了让你能长久地出力，一定也会提高你的薪职待遇，这是水涨船高的必然趋势。

工作能使我们的能力得到提高，工作也可以让我们的生活有保障，可以让我们的日子因为忙碌而充实，并且在工作中我们会认识很多朋友，拓展了自己的交际范围……这些都是我们从工作中获得的实在利益，从这个角度来看，不论什么工作都值得我们努力去做，并尽力把它做好。

我们现在做什么工作并不重要，重要的是面对工作时的态度。同样的一件工作，不同的人便会折射出不同的心态，而这些不同的心态，也就决定了个人的发展前景。

嘉铭和开森同是一家网络公司的程序开发员。嘉铭做事比较细致，任何交付到他手里的工作，他都会尽心尽力去做，因此被很多同事说有娘娘腔。开森则是个大大咧咧的人，在同事中口碑很好，尤其是很多女同事都觉得他很有男人的豪放和不拘小节，在工作上开森也是马马虎虎，不止一次地被经理数落，但他并没有把这些数落放在心上。他觉得，男人嘛，不能那么婆婆妈妈，细致得跟个女人似的，那多没意思。后来，公司签了一个大的项目，在考虑负责人的时候，经理考虑的第一人选不是平时人缘好的开森，而是对工作一向细致认真的嘉铭。

生活中，你或许可以马虎一点，因为每个人的生活方式不

一样，没有必要苛求自己的生活也处处精致。但是在工作中却截然不同，老板需要员工以认真负责的态度对待，需要你尽心尽力地在你的能力范围之内把工作做到最好。

公司把一项新的商业策划交到Tom的手上，Tom本该用一星期才能把它完成，可他三天就迅速搞定了。但是在送交老板通过的过程中，却被打回来四次，最后一次也是在修改后才真正通过。经历了这件事情之后，Tom很深刻地意识到，工作中一定要严格要求自己，把自己分内的工作做到最好，如果以嘻嘻哈哈的态度对待，之后将需要自己付出双倍的时间和精力来弥补轻视工作的损失。

巴尔扎克每次把稿子投递出去之前，都会仔细地检查核对，希望自己的文字是最准确简洁的。他的文稿送到出版社以后，很顺利就能通过审核，因为编辑们看到的已经是巴尔扎克最好的文稿了。

齐格勒说："如果你能够尽到自己的本分，尽力把应该做的事情做到最好，那么总有一天你能够随心所欲地从事自己想要做的任何事情。"把工作做到最好，不但完成了上司交给你的任务，同时自己的能力也得到了提高。

如果对待工作采取敷衍的态度，总是为了完成老板交给的

任务而工作，那你的工作永远不可能做到最好。要求自己把工作做到最好，这是一种工作态度，我们不能苛求完美，但在工作的过程中却要向完美看齐。

斯特莱底·瓦留斯是一位著名的小提琴制造家，他制造一把小提琴通常要花别人双倍的时间。别人以为是他工作太慢了，其实则不然，他所制造的小提琴每把做工都非常细致精美，现在已经成为稀有珍贵的宝物，每把都价值连城。其实世界上任何珍贵的东西，都需要我们尽心尽力才能做到最好，工作更是如同瓦留斯先生制造小提琴一样，需要我们尽心尽力，力求完美。

在职场中以"把工作做到最好"的心态去做，与得过且过的心态会有完全不同的结果。前者工作起来是快乐的，且更加有目标和动力；后者则是懒散和被动的，之所以工作也是因为不得不去做的缘故。主动积极地工作，一定能够把工作做好；被动消极地工作，工作效率质量会明显降低。

皮尔·卡丹曾经对他的员工说："如果你能真正地钉好一枚纽扣，这应该比你缝制出一件粗制滥造的衣服更有价值。"这句话可以警示所有人，即无论自己的工作是什么，重要的是你是否做好了你的工作，是否敬业。

第一章　敬业如敬生命

比利时著名的基督受难舞台剧演员辛齐格，几年如一日在剧中扮演受难的耶稣，他高超的演技与忘我的境界常常让观众感动得泪流满面，让观众觉得似乎真的看到了再生的耶稣。

一天，一对远道而来的夫妇在演出结束之后来到后台，他们想见见扮演耶稣的演员辛齐格，并要求合影留念。合影后那位丈夫一回头看见了靠在旁边的巨大的木头十字架，这正是辛齐格在舞台上背负的那个道具。

丈夫一时兴起，对一旁的妻子说："你帮我照一张我背负十字架的相吧。"于是，他走过去想把十字架拿起来放到自己背上，但他使尽全力十字架仍纹丝未动，这时他才发现那个十字架根本不是道具，而是一个真正用橡木做成的沉重的十字架。

那位丈夫在使尽了全力之后，不得不气喘吁吁地放弃了他的尝试。他站起身，一边抹去额头的汗水，一边对辛齐格说："道具不都是假的吗？你为什么要每天都扛着这么重的东西演出呢？"

辛齐格说："如果感觉不到十字架的重量，我就演不好这个角色。在舞台上扮演耶稣是我的职业，我必须对自己和自己的职业负责。"

辛齐格的这一番话道出了所有成功者的秘诀。

无论在哪个行业里工作，我们都不能对自己的工作掉以轻心。如果我们是一个钉纽扣的职员，就应该把钉纽扣的工作干得无可挑剔，完美无缺；而不是觉得自己的工作不够重要，就可以马虎草率，就可以吊儿郎当。"三百六十行，行行出状元，"就是说无论在什么行业，都会因为极少数人的认真努力而产生优秀的行业领军人物。大多数人不能成为"状元"，不是因为他们没有能力，而是因为他们没有努力。

东京一家商贸公司有一位小姐专门负责为客商购买车票，因为她常给德国一家大公司的商务经理购买来往于东京、大坂之间的火车票，所以考虑到客商的需要，她买票的时候经常会为那位客商买靠窗户的位置。不久，这位经理发现他每次去大坂时，座位总在右窗口，返回东京时又总在左窗边。这位经理询问这位小姐其中的缘故。小姐笑答道："车去大坂时，富士山在您右边，返回东京时，富士山已到了您的左边。我想外国人都喜欢富士山的壮丽景色，所以我替您买了不同的车票。"就是这种不起眼的小事，使这位德国经理十分感动，于是，他把对这家日本公司的贸易额由500万马克提高到1200万马克。

第一章　敬业如敬生命

他认为,在这种微不足道的小事上,这家公司的职员都能够想得这么周到,那么,跟他们做生意当然也就没有什么好担心的了。

与此相反的是,一次,国内的一位旅客乘坐某航空公司的航班由山东飞往上海,连要两杯水后又请求再来一杯,还歉意地说实在口渴,服务小姐的回答让他大失所望:"我们飞的是短途,储备的水不足,剩下的还要留着飞北京用呢!"在遭遇了这一"礼遇"之后,那位旅客决定今后不再乘坐这家公司的飞机。

做工作不是以任何态度对待都可以的。前者的态度可以为公司创造更大的效益,后者的态度却可以让公司的形象大打折扣,从而给公司造成无可挽回的损失。工作无小事,正如海尔集团张瑞敏所说的那样,把平凡的事干好就是不平凡,就是成功。"一屋不扫,何以扫天下?"这句话永远都是我们应该谨记的工作格言。

一位男士1998年在参加用友集团举办的军事训练营时,曾连续不下20次被教官要求重新整理仪表。每一次教官都发现他仪表方面的问题,然后要求他回宿舍去重新整理。

这样的训练,对于他来说已经转变成一项挑战,全宿舍的

学员都努力帮助他，争取不再让教官挑出任何毛病。他在训练场及宿舍之间来回跑了20次，但在第21次的时候，当他刚回到训练场地时，教官又命令他跑回宿舍重新整理仪容，而这次的理由是他背上掉了一根头发，他想与教官争执。但教官却说："我知道你所在的公司是开发财务软件的，我也知道你是一名程序员，我现在问你：如果你要在编程过程中出现了一个字母的输入错误，你该怎么办？"

他听教官这么说，哑口无言，立即跑回了宿舍。经过这样的一次训练后，他知道这位教练不是在故意刁难他，而是在培养他一种追求完美的品质。正是具有了这种追求完美的品质，后来他在用友晋升到了事业部经理的位置，最后他离开用友，创办了自己的公司。

在工作中，我们要让自己具有一丝不苟、力求做到完美的工作态度，并能在适当的时候把自己表现出来。如果员工没有认识到工作态度对自己的作用，而是以一种平庸的态度做事，结果也一定是以平庸收场。

第一章　敬业如敬生命

力求完美

　　我们永远都不能做到完美无缺，因为这个世界就是不完美的。但是在不断增强自己的力量、不断提升自己的时候，我们对自己的要求会越来越高。这是人类精神的永恒追求。

　　顺其自然是平庸无奇的。

　　哈伯德说过，不要总说别人对你的期望值比你对自己的期望值高。如果哪个人在你所做的工作中找到失误，那么你就不是完美的，你也不需要去找借口。承认这并不是你的最佳程度。千万不要挺身而出去捍卫自己。当我们可以选择完美时，却为何偏偏选择平庸呢？我讨厌人们说那是因为天性使他们要求不太高。他们可能会说:"我的个性不同于你,我并没有你那么强的上进心,那不是我的天性。"

有一位著名的雕塑家,他对工作的要求一直都很严谨。有一次,一位记者去参观他的作品,当记者到看到雕塑家的时候,雕塑家正在仔细地修改着一件作品,记者站在那儿看了很长时间,因为他发现,雕塑家所修改的作品已经非常完美了,可是雕塑家依然没有放弃修改的意思。对于雕塑家的表现,这位记者忍不住了,于是问雕塑家:"你的这件作品已经很完美了,为什么你还在那儿敲打呢?"

雕塑家并没转过头来,仍然仔细地观察着这件作品,好长时间以后,雕塑家才抬起头来,然后深深地出了一口气,对记者说:"是啊,这件作品已经完美了,但是我要的不是完美,我需要的是更加完美,你看,我在这个地方做了润色,使那儿变得更加光彩些,使面部表情更柔和了些,使那块肌肉更显得强健有力,也使嘴唇更富有表情,使全身显得更有力度。"

那位记者听了不禁说道:"可是,你的这件作品对于一般人来说,已经很好了,而且你说的这些也并不是很重要的地方啊。"

雕塑家答道:"情形也许如此,但你要知道,正是这些细小

第一章 敬业如敬生命

之处才使整个作品趋于完美,所以,我要一点点地把这些细小的地方修改到更加完美。"

"要的不是完美,而是更加的完美。"我们应该把这句话当作自己的人生格言。如果每个人都能遵守这一格言,实践这一格言,下定决心无论做任何事情,都要竭尽全力,以求得尽善尽美的结果,那么人类的文明不知要进步多少。

有无数人因为养成了轻视工作、马马虎虎的习惯,对手头工作敷衍了事的态度,终致自己的一生都处于社会底层,不能出人头地。这是不敬业者的可怜的结局。

有一座很高大的石碑,上面刻着一句话:"在此,一切都追求尽善尽美。"由于疏忽、畏惧、敷衍、偷懒、轻率而造成的惨剧太多了。每一年由于驾车者的轻率、不负责任,导致多少人付出了生命的代价;又有多少建筑公司由于疏忽、轻率导致楼房最终倒塌。如果每个人都能凭着良心做事,并且不怕困难、不半途而废,便可以减少很多的悲惨事件。

任何一个人,只要养成了敷衍了事的恶习,做起事来就会不诚实。这样,人们最终必定会轻视他的工作,从而轻视他的人品。

那么,如何去改变这种恶习呢?只要在做事的时候,抱着

非做成不可的决心，抱着追求尽善尽美的态度，那么你的工作将会越来越好，你就会越来越接近成功。

做任何一件事，都不可以做到"好"就可以了，应该做到"更好"，也不能把一件事做到半途就停下来，应该努力地坚持下去。

许多年轻人之所以失败，就是败在做事轻率这一点上。这些人对于自己所做的工作从来不会做到尽善尽美。

我刚开始从事文字工作的时候，没有做到尽量的完美，一段时间后，我的工作成绩总是不能达到老板的要求，为此，我的老板找我谈话。老板对我说："我们做文字工作的，不能只是追求做好就可以了，我们需要的是更加完美。许多地方的错误都是可以避免的，但是由于工作的疏忽，造成了那些错误的发生。我不需要我的员工追求十全十美，但我需要你们懂得做到更加完美。"

那次谈话以后，我认识到了工作中的不足，经过一段时间的改变，我的工作越来越顺利，我在工作中也越来越感到快乐了。

对于一个渴望成功的人来说，他无论做什么都要力求达到最佳境地，他在奋斗的过程丝毫不会放松自己。在他看来，如果自己想要走向成功，无论做什么职业，都不会轻率疏忽。至

第一章　敬业如敬生命

于那些失败者，主要是在他们做事的过程中，把应该得到100分的事做到了60分，结果他们就走向了失败。

有人曾经说过："轻率和疏忽所造成的祸患不相上下。"许多人之所以失败，就是败在做事轻率的态度上。这些人对于自己所做的工作从来不会做到尽善尽美。他们的失败就是因为缺少认真的态度。

我们的生活中，充满着由于疏忽、畏难、敷衍、偷懒、轻率造成的可怕惨剧。宾夕法尼亚的奥斯汀镇，因为筑堤工程没有照着设计去筑石基，结果堤岸溃决，全镇都被淹没，无数人死于非命。像这种因工作疏忽而引起悲剧，随时都有可能发生。无论在什么地方，只要有人犯疏忽、敷衍、偷懒的错误，就必然会造成许多难以预料的灾难性的后果。如果每个人都能将自己的工作做到最好，那么，许多麻烦就会消失。

在做事的时候，抱着非做成不可的决心，追求尽善尽美的态度，就能把事业做到最好。如果只是以做到"差不多"为满意，或是半途而废，那他绝不会成功。

成功者和失败者的分水岭在于成功者无论做什么，都力求达到最佳境地，丝毫不会放松；成功者无论做什么职业，都不会轻率疏忽。

你工作的质量往往会决定你生活的质量。在工作中你应该严格要求自己，能完成百分之百，就不能只完成百分之九十九。不论你的工资是高还是低，你都应该保持这种良好的工作作风。每个人都应该把自己看成是一名杰出的艺术家，而不是一个平庸的工匠，应该永远带着热情和信心去工作，而不要满足于尚可的工作表现。只有力争做最好的自己，你才能成就自己。

许多人在寻找自我发展机会时，常常这样问自己："做这种平凡乏味的工作，有什么希望呢?"可是，就是在极其平凡的职业中、极其低微的位置上，往往蕴藏着巨大的机会。只要你能把自己的工作做得比别人更完美、更迅速、更正确、更专注，调动自己全部的智力，使自己有发挥本领的机会，那么，成功就指日可待了。

敬业才会成功

敬业是成功的基石。敬业不能只停留在口头上，还要付诸到具体的实践中去。敬业，能够树立远大的奋斗目标，追求自己最高的人生价值；敬业，能够处处严格要求自己，从小事做起，做到一丝不苟；敬业，能够坦然面对自己的得失，毕竟"吃亏"是福；敬业，能够充分展现自己的人格魅力，用高尚的品德去影响教育周围的人。一个人不管做什么事都要敬业，做大事如此，做小事也是如此；一个人不管为谁工作都要敬业，为自己工作如此，为他人工作也是如此。唯有敬业，才会事业兴旺。

一个敬业的人，需具备耐心、恒心和决心。只有具有了这三种心态，做任何事情就不会拖三阻四，就不会用只凭三分钟的热情、三分钟的热量来工作。当在情绪低落时，也不会对工作马马虎虎、应付了事，而会调动自身的责任感做到长期爱岗敬业，经过一段时间的磨炼之后，就会在无形中培养起坚忍不拔的毅力。

　　如果抱着"三天打鱼，两天晒网"的态度来工作，也就是一种不敬业的表现。缺乏敬业精神的人，无论在什么地方，从事什么行业，都不可能做出令人满意的业绩。这样的人虽然想要获得事业的成功，但却把上班当成累赘，就是说出于生存和想要拥有事业的角度，他依赖于这份工作，却又不能好好地珍惜它，没有把这份工作作为自己成功的起点。所以，没有意识到工作散漫是在浪费时间，自身发展就会滞留不前。

　　如果你是一个渴求成功但却没有敬业精神的人，那就应该彻底改变自己的工作态度，因为你的这种态度对你自己丝毫无益。即使你是一个聪明人，对自己抱有很高的期望，也不要以为轻轻松松就能获得成功。如此，你是不是有一种怀才不遇的感觉，如果你能够好好地想一想，一直以来所形成的这种惰性如果任其发展下去，那么最终的结果只能是你自己遭受这种惰

第一章　敬业如敬生命

性的惩罚。假如你能早日醒悟，认识自己，转变自己的观念，改掉自身存在的毛病，客观地判断出自己身上的优缺点，优势也需要勤奋来发挥，这样，才会一步步走向美好的明天。

当我们将敬业变成一种习惯时，就能从中学到更多的知识，积累更多的经验，就能在全身心投入工作的过程中找到快乐。这种习惯或许不会有立竿见影的效果，但可以肯定的是，当"不敬业"成为一种习惯时，其结果可想而知。工作上投机取巧对于你的老板来说是很容易解决的，他可以找到一个敬业的人来接替你的工作；可是对于你，这样的损失就会是严重的打击，甚至可能会因此失去很多。

冯辉本科毕业后到一个研究所工作，这个研究所的大部分人都具备硕士和博士学位，冯辉感到压力很大。工作一段时间后，他发现所里大部分人不敬业，对本职工作不认真，他们不是玩乐就是搞自己的"第三产业"。

冯辉因为自己的学历起点低，意识到要比别人更加努力才能有所作为，于是他一头扎进工作中，从早到晚埋头苦干。冯辉的业务水平提高很快，不久成了所里的顶梁柱，并逐渐受到所长的重用，时间一长，所长感到离开冯辉就好像失去左膀右臂。不久，他便被提升为副所长，老所长已经到了快退休的年纪，并且非常看好冯辉，准备向主管部门提议自己退休后由冯辉来接替他的职位。

敬业，体现着一个人的能力和才干，体现着一个人对社会、对集体、对家庭的责任感和奉献精神，还体现着一个人对人生的热爱、追求、积极的态度。因此，敬业既是社会检验一个人价值的重要标准，又是一个人实现自己人生价值的重要途径。从古至今，哪一个敬业的人不受到人们的尊敬？同时，只有具备了敬业精神，才能更好地来执行上级安排的任务，才是一位优秀的员工。执行力是竞争力的基石，无论什么行业，要使执行力有效地实施，最基本、最有力的保证就是必须要敬业。无论是哪一个层次的执行者，都要明确自己的岗位、责任和权力，知道自己该做的事，做好自己该做的事，这样任何事情执行起来才会有序，每一个环节才会到位。

小李大学毕业后顺利地申请到了美国医科大学的奖学金，毕业后在那里找到一所大医院做外科大夫。读书时，他刻苦钻研，成绩优秀，工作中，他做事严谨，一丝不苟，很少舍得花时间在娱乐上，也很少说话，是一个对工作非常敬业的人。

第一章　敬业如敬生命

他不声不响钻研外科技术，每次上了手术台，周围的一切就会忘得一干二净。那时，作为东方人的小李来说，身材矮小，外形条件比起医院里的很多医生都稍有逊色，就是这样一个默默无闻、其貌不扬的小李居然被全医院最漂亮的女护士看中，二人同在外科，工作中产生了感情，发展到谈婚论嫁的地步。

一次大手术中，小李正在全神贯注做手术，不时回手要手术工具，当他伸手要止血钳时，平时配合很好的未婚妻不知为什么竟把镊子递了过来。事后，小李气急了，这个老实人竟打了未婚妻一拳，刚好打在鼻子上，当时就流了鼻血，未婚妻一言未发，眼泪和鼻血同时流了下来，第二天就和小李分了手，这件事情很快就传遍全院。

很多人劝小李向未婚妻道歉，可是小李不理解，他说："作为一个男人，我不应该动手打人，这是非常不礼貌的行为，就这一点来说，我应该道歉。但是，手术台是医生的战场，护士是协助医生的，怎么可以有半点差错？每分每秒对一个正在流血的人意味着什么？意味着生命！她应该向我道歉，而且也应该向病人道歉。"平时寡言少语而且脾气随和的小李

此时显得非常的气愤和激动，他坚持认为未婚妻的工作态度有失一个医务工作者应该具有的基本素质。在他的坚持下，那位护士也意识到自己的错误，作出了检讨，他们俩和好如初。

这件事情也惊动了院里的领导，院长非常欣赏小李这种敬业的工作态度，在以后的工作中也时刻留意这位来自东方的年轻人。小李一如既往地保持这样的敬业精神，很快就得到了重视和提升。小李以他的认真敬业精神和卓越的医术赢得了赞同，也逐渐走向自己事业的一片新天地。

在我们这个奉行"按劳分配"原则的社会，不敬业的人是没有前途的，不敬业的人是难有成就的。在竞争激烈、优胜劣汰的时代，不敬业的人随时可能被淘汰出局。有了敬业的观念，就会使你走上成功之路。

第二章 责任高于一切

第二章　责任高于一切

责任就是使命

　　使命是比自己生命更重要的东西。没了它，生命暗淡无光、脆弱无比。一个找到自己工作使命的人，必定是个坚忍不拔的人。在他们的大脑里始终充斥着强烈的服务意识，他们要求服务于自己所在的公司，服务于他们的客户，服务于大众，服务于国家。一个找到自己工作使命的人，他们比以往任何时候都明白什么是追求、什么是生活，以及应该怎样去开创自己的事业。从这种氛围走出来的员工，他们更懂得怎样把握自己。在进入社会投入崭新的天地开始工作时，他们就有独到的见解，时刻告诫自己"工作不仅仅是为了钱"，他们明白只有

对工作尽心尽责，才能从工作中获得满足感以及个人成长。

不管你是否喜欢，使命感、满足感、个人成长，还有升职加薪等，都是工作成果的收获，而不仅仅是准时上班下班可以达到的。只有在我们施展所长的时候，才能够实现这些成果。

一个人责任感的强弱直接影响着他工作的态度和结果。对待工作是尽心尽责，还是浑浑噩噩，工作的结果是完全不同的。当我们对工作充满责任感时，就能从中学到更多的知识，积累更多的经验；就能从全身心投入工作的过程中找到快乐。这种习惯或许不会有立竿见影的效果，但只要坚持下去，结果就会很明显。相反，当懒散敷衍成为一种习惯时，做起事来就会很浮躁，很不踏实。长此以往，人们就会对你的工作和你的人品产生怀疑。工作是人们生活的一部分，懒散地工作，不但使工作的效率降低，而且还会使人丧失做事的才能。工作上投机取巧、不负责任给你的老板带来的可能只是一点点的经济损失，但这种态度却会影响你的一生，阻碍你的事业发展。

有些责任感不强的泥瓦工和木匠，在建造房屋时漫不经心，这些房屋尚未售出，有的就已经在暴风雨中坍塌了；有些责任感不强的医科学生不愿花更多的时间学好技术，结果做起手术来笨手笨脚，让病人冒着极大的生命危险；有些责任感不

第二章 责任高于一切

强的财务人员，在汇款时疏忽大意写错了一个账号，给公司带来巨大的损失……这样不负责任的人，不仅会遭到大多数人的唾弃，而且自己最终也不会有什么好结果。

责任感会带给我们无形的巨大力量，促使我们发挥出自己的潜能，使我们有勇气排除万难，战胜许多困难，甚至可以把"不可能完成"的任务完成得相当出色。如果失去责任感，即使是做我们最擅长的工作，也会做得一塌糊涂。

企业是一个集合体，大家有共同的目标和共同的利益，企业里的每一个人都肩负着企业生死存亡、兴衰成败的责任，因此无论职位高低都必须具有很强的责任感。

责任感体现在三个阶段：第一阶段，做事之前要想到后果；第二阶段，做事过程中尽量控制事情向好的方向发展，防止坏的结果出现；第三阶段，出了问题敢于承担责任。

一个没有责任感的员工，不会把企业当成自己发展的平台和成长的根基，不会视企业的利益为自己的利益。因此他们不会因为自己的所作所为影响到企业的利益而感到不安，更不会处处为企业着想，为企业留住忠诚的顾客，让企业有稳定的顾客群，他们不愿意承担责任，总是喜欢推卸责任。这样的人在老板眼里是一个不可靠的、不可以委以重任的人，一旦伤害到

公司和客户的利益,老板会毫不犹豫地将其解雇掉。

　　一个有责任感的员工,在他完成自己分内的工作之后,还会时时刻刻为企业着想。老板也会为拥有能够如此关爱自己的企业、关注着企业发展的员工感到骄傲,也只有这样的员工才能够得到企业的信任。只有那些勇于承担责任、具有很强责任感的人,才有可能被赋予更多的使命,才有资格得到重用。

　　在工作态度这个问题上,是充满责任感,尽自己最大的努力,还是敷衍了事?这一点正是事业成功者和事业失败者的分水岭。事业有成者无论做什么都力求尽心尽责,丝毫不会放松;他们无论做什么工作都不会轻率疏忽。

　　美国一家大公司的总裁说:"我最不欣赏那些遇事不主动承担责任的人,如果有谁说'那不是我的错,是别人的责任'而恰巧被我听到的话,我会毫不犹豫地开除他。"

　　敢于承担责任是一种积极进取的精神。勇于承担责任和积极承担责任不仅是一个人的勇气问题,而且也标志着一个人做人是否自信,是否光明磊落。如果错误确实不是你造成的,那么也不要急于为自己辩解,而应该着眼于公司的长远利益。等事情得到妥善处理后,事情的真相自然会浮出水面。如果确实不是你的责任,你的上司也一定会还你一个清白。

第二章 责任高于一切

要想赢得别人的信任,就必须改掉推卸责任的坏习惯,做一个勇于承担责任的人。责任感是我们应该具备的一个基本素质,从我们进入职场的第一天起,就要以服务的精神自觉自愿地去做那些应该做的事,要认真地去履行自己的职责,而且在履行职责时,其出发点不应是为了获得奖赏或避免惩罚,而是发自内心的责任感,如果我们缺乏这种意识,就会造成严重的后果。

一位朋友给一家企业发送一封电子邀请函,连发几次都被退回,让那里的秘书查询时秘书说邮箱满了。可三天过去了,还是发不过去,再去问,那位秘书还是说邮箱是满的!试想,这三天之内该有多少邮件遭到了被退回的厄运?而这众多被退回的邮件当中谁敢说没有重要的邮件?如果那位秘书能考虑到这一点,就不会让邮箱一直处于满的状态。作为秘书,每日查看、清理邮箱,是最起码的职责,而这位秘书显然没有尽职尽责,缺乏责任感。

很多员工会对办公室的琐事不屑一顾,认为凭借自己的能力,应该干大事。但是,我们经常说"以小见大",工作中的一些小事能反映出一个人的责任心,体现出员工的职业素质。对于一些别人都推托不干的事,如果你能主动要求接过来做,

就会比较容易得到领导或者同事的赏识。其实，做每一件事情，都是向上司或同事展示自己学识或能力的机会；只有做好每一件事，才能取得上司和同事们的好感与信任，才能使自己得到发展。

任何事物都不可能十全十美，企业的规章制度也是这样，总有一些事情是规章制度无法规定的，也一定会有一些意外的情况出现。在这种时候，能否主动请缨、毫无怨言地接受任务，主动承担责任，是优秀与平庸最大的区别。一个没有责任感的员工不会是一个优秀的员工。每个老板都很清楚自己最需要什么样的员工，哪怕你是一名做着最不起眼工作的普通员工，只要你担当起了你的责任，你就是老板最需要的员工。

为了能够使狼恢复它的野性，管理员决定将动物园里的三只狼放生。因为狼爸爸比较强壮，管理员认为它的生存能力要强于其他两只狼。

第二天清晨，管理员将狼爸爸送到了森林里，让它投入到大自然的怀抱，自由生长。

经过了一个星期，管理员总是能够看到狼爸爸在动物园周边停留，看起来比在动物园时瘦了些。管理员很为狼在野外的生存担心，或许在园里待得久的动物到了野外根本就生存不下

第二章 责任高于一切

去，或许它们的野性再也难以找寻回来。这时，管理员把小狼也放了出去，只见那头无精打采的老狼立刻神采奕奕，带着小狼向森林深处飞奔。自从小狼和父亲离开后，一直很少回动物园，只是偶尔回来看母狼，每每回来之时，管理员能够看到它们较以前强壮了很多。是到母狼出园的时候了，当管理员把母狼放走后，这一家三口再没有在动物园周边出现过，管理员相信，它们在野外会生活得很好。

针对这一现象，动物园管理员作出了这样的解释："为了照顾小狼，狼父亲必须得捕到食物，否则，幼狼就会挨饿。公狼有照顾幼狼的责任，尽管这是一种本能，正是这种责任让它俩生活得好一些。母狼被放出去以后，公狼和母狼共同有照顾幼狼的责任，而且公狼和母狼还需要互相照顾。这三只狼互相照顾，才能够重回大自然，重新开始新的生活。"

生活和工作中，你都应该担负责任，因为如果你推卸责任就意味着你失去了在这个世界上一切你所珍惜的东西。亲情缔造的责任使你感到幸福，友情链接的责任使你感动，爱情构筑的责任使你忠诚，工作赋予的责任使你独立，责任是一种生存的法则。无论对于人类还是动物，依据这个法则，才能够存活。

工作就是一种责任

美国前总统杜鲁门的办公桌上摆着一个牌子,上面写着"Book of stop here"(责任到此,不能推卸)。我把这句话作为我工作的一个基本准则,我对自己所做的工作负有责任,而且不能推卸、不能转嫁。

每天上班的人群,他们怀着各自的目标不断向前。

当你接受一份工作时,就意味着你有了一份不可推卸的责任。自己不负责任的一个举动,可能就给客户或公司带来严重的伤害。只有当我们对工作充满责任感时,才能从中学到很多的知识,积累更多的经验,这是一个全身心投入的过程,也是

第二章 责任高于一切

一种发挥自我价值的过程。毕竟责任就是我们应该而且必须要做的事情,它伴随着每一个生命的开始和终结。只有那些能够勇于承担责任的人,才有可能被赋予更多的使命,才有资格获得更大的荣誉。一个缺乏责任感的人或一个不负责任的人,首先失去的是社会对自己的基本认可,其次失去了别人对自己的信任与尊重,甚至也失去了自身的立命之本——信誉和尊严。

世界上没有不必承担责任的工作,工作就意味着责任。而且,职位越高、权力越大,肩负的责任就越重。没有责任心的人永远都担不起重任,也就没有什么资格去羡慕别人的权力。在职场中,你永远都不要在责任面前后退。因为一个人的责任心决定了他在企业中的位置。

汤姆刚到一家钢铁公司工作,还没有一个月。在工作的过程中,他发现很多炼铁的矿石都没有得到充分的提炼,一些矿石上还残留着很多没有被炼好的铁,这样下去的话,公司的损失将会很大。于是,汤姆找到负责这项工作的工人,跟他说了这种情况。这位工人不但没有接受汤姆的提议,还让他去找工程师,说要是技术上出了问题,工程师会找他们的,用不着他来操心。在工人那儿碰了一鼻子灰的汤姆,并没有就此放

弃，强烈的责任心促使他又找到了负责技术的工程师，工程师很自信地说："我们的技术是世界一流的，不可能有这样的问题。"工程师也没有把汤姆说的情况当作一回事，还暗自嘲笑他自不量力。

汤姆认为这是一个非常大的问题，如果不解决，公司每年都要损失一大笔的开销。于是他又拿着炼好的矿石找到工程总监，让他看了提炼以后的矿石。

工程总监仔细地查看矿石，问汤姆这是哪里的矿石，当得知汤姆拿的这块提炼不充分的矿石就是自己公司的，工程总监一下子火了，严厉地质问发现这样的问题，为什么没人早点反映？

很快，工程总监来到提炼车间，具体检查了冶炼的矿石，果然发现大部分矿石都存在冶炼不充分的问题。在工程总监的要求下，提炼车间更换了造成这种情况的机器，并改进了相关的提炼技术，公司的成本一下子就节约了很多，效益明显增加了。

老板知道这件事情后，非常赏识汤姆这种对公司极度负责的精神，很快提升他为技术监督的工程师。其他的工程师也有发现这个问题的，但是因为责任心不到位，并没有当回事。

第二章 责任高于一切

对于一个企业来说，需要的就是汤姆这样对工作有责任心的员工，而不是敷衍了事、得过且过、只为了工作而工作的员工。

如果你在工作的时候也总是采取一种应付的态度，能少做多少就少做多少，能躲避就躲避，能敷衍了事就敷衍了事，你只想对得起自己挣的那份工资，从未想过这样是否会丧失许多发展的机会。这样的工作态度，永远都得不到成功和加薪晋升，因为你并没有把自己和别人区别开来。

每个老板都很清楚自己最需要什么样的员工，哪怕你是一名最普通的员工，只要你担当起了责任，你就是老板最需要的员工。因为只有那些承担责任的人，才有可能被赋予更多的使命，才有资格获得更大的荣誉。一个缺乏责任感的人，首先失去的是社会对自己的基本认可，其次失去的是别人对自己的信任与尊重。人可以不伟大，可以清贫，但不可以不负责任。要想成为一名优秀的员工，就应该主动去承担责任。

齐瓦勃出生在美国乡村，几乎没有进过什么像样的学校。一个偶然的机会，齐瓦勃来到钢铁大王卡内基所属的一个建筑工地打工。从踏进建筑工地的那一天起，齐瓦勃就抱定了要做同事中最优秀的人的决心。当其他人在抱怨活儿累挣钱少而消极怠工的时候，齐瓦勃却很敬业，他独自热火朝天地干着，并

在工作当中默默地积累着建筑经验，甚至利用工作之余自学着建筑知识。

一个晚上，工友们都在闲聊，唯独齐瓦勃一个人躲在角落里静静地看书。那天恰巧公司经理到工地检查工作，经理看了看齐瓦勃手中的书，又翻开他的笔记本，什么也没说就走了。

不久，齐瓦勃就升任为技师，然后又凭着自己的努力一步步升到了总工程师的职位上。25岁那年，齐瓦勃当上了这家建筑公司的总经理。

卡内基的钢铁公司有一个天才的工程师兼合伙人琼斯，在筹建公司最大的布拉德钢铁厂时，他发现了齐瓦勃超人的工作热情和管理才能。当时身为总经理的齐瓦勃，每天都是最早来到建筑工地。当琼斯问齐瓦勃为什么总来这么早的时候，他回答说："只有这样，有什么急事的时候，才不至于被耽搁。"

工厂建好后，琼斯毫不犹豫地提拔齐瓦勃做了自己的副手，主管全厂事务。两年后，琼斯在一次事故中丧生，齐瓦勃便接任了厂长一职。几年后，齐瓦勃被卡内基任命为钢铁公司的董事长。

第二章 责任高于一切

后来,齐瓦勃终于自己建立了大型的伯利恒钢铁公司,并创下了非凡的业绩,真正完成了从一个普通的打工者到大企业家的成功飞跃。

齐瓦勃认为,对于一个有抱负的职员来说,追求的目标越高,对自己的要求越严,他的能力就会发展得越快。要想把看不见的梦想变成看得见的事实,便要在工作中兢兢业业,把工作当成自己的私事一样干。

只有当你对工作负责时,你才会得到更多你想要的东西。齐瓦勃的成功是高度负责的成功。他在对工作负责的同时,也对自己负了该负的责任。因此,当工作有了成绩,他的地位也会随之提高。他能做到的,我们也可以做到。而我们没有他的成绩,那是因为我们仍然不够负责,不够优秀。

公司在发展,你所在的单位或部门也在发展,你个人的职责范围也必将随之扩大。很多下属之所以不能在老板的面前很快成长起来,很重要的原因就是总认为"这不是我分内的工作"或"这不是我的责任",因而不能积极地发挥自己的作用,主观能动性表现不出来,也就势必不能很好地把自己的才能表现出来。这是一种害怕承担责任而逃避工作的行为,是影

响自己出人头地的一大障碍。

因此,当老板把一项额外的工作指派到你头上的时候,你千万不要推三阻四,要敢于承担责任,并把它当作挑战,看成是一次难得使自己得到磨炼的机遇。你必须清楚,老板喜欢替自己挑起重担的员工。

每一份工作都给做这份工作的人界定了责任,既然选择了工作,我没有理由推卸自己应该担负起的责任。责任心是工作中不可缺少的职业道德。缺少了责任心,也就谈不上敬业,更无法将所做的事情做好。

第二章　责任高于一切

勇于承担责任

做每一件事情都必然有两种结果，即成功或失败。在职场中，每一项工作的开展，必然也会有这样的两种结果，成功了，当然人人都想分一杯羹，可若失败了呢？此刻，正体现了一个人对于自身工作失误的担当。为了让自己的工作能够成功，总结失败的教训也是很必要的，而这时，就需要我们在工作中要有敢于承担责任的勇气。你只有怀着敬业的态度，才能把工作当成自己的事情，从而愿意为了实现工作的目标全力以赴。

大多数人都愿意得到更多，而付出更少。似乎唯有这样才

可以证明自己的聪明。但如果你仔细观察，细心领悟，你会发现那些负责的人往往不会要求很多，只会尽力付出，他们的付出不是为了将来的得到，而是为了负责。因为负责，那些权利也随之而来。所以，推托责任就等于将权利也拒之门外。

　　某日早上，某中型文具生产企业的行政部经理急冲冲地跑进总经理办公室，向总经理汇报说厕所的屎冲不干净，希望可以装配水箱加压装置。总经理听后大怒："屎冲不干净都来找我？！"行政部经理赶忙解释说："我已经多次和集团工程总监反映水压不够的问题，但工程总监坚持认为是使用厕所的人没有冲水，而不是新办公楼的水压问题，反而埋怨我们行政部没有做好卫生宣传工作。"听后，总经理立刻委派助理到厕所进行实地考察，并以"实战"测试厕所的水压。下午，总经理助理向总经理汇报，6个厕所共24个冲便器有7个存在水压问题，主要集中在办公楼第5层。于是，总经理立刻责成行政部经理进行协调。翌日，行政部经理将书面报告呈交给了总经理，根据集团工程总监的意见，由于加压泵将耗费10万元投资，因此他建议增加2名后勤人员专门负责厕所卫生。总经理考虑到人员成本的问题，没有批准报告，于是该问题被暂时搁置。1个月

第二章　责任高于一切

后,由于董事长办公室的厕所进行维修,董事长在光临5楼厕所的时候不幸目睹了"惨象"。董事长大怒,并立刻找到行政部经理当面怒斥。行政部经理听后委屈地解释说:"1个月前,我已经将解决该问题的书面报告呈交总经理,但由于人员成本问题总经理没有批准。"董事长困惑了:1个月的时间+三个部门共同努力,为什么厕所的冲水问题还没得到解决?1个月后问题依然没有得到解决,责任应该由谁来承担?如果连一泡大便都解决不了,那公司的务实、求真、高效的管理方略何时才可以实现?

　　这就是企业中最小的事情,也是最常见的问题。但从这个例子中可以看出,所有的员工只要碰到问题都会往后退,不会有人站出来承担责任。而一旦遇到邀功的事情,个人的反应就大不相同了。在责任面前,最小的事可以演化成大事,可以让任何一个员工说那不是我的原因。结果,这个企业就很可能成为一个瘫痪的企业。

　　在工作中没有人可以做到万无一失。所以,需要每一个员工有主动承担责任的勇气。这种做法固然有一定的压力,却是最起码的做人要求。也是做事业的要求。如果你的推卸责任成了一种习惯,那你就会因为害怕承担责任而失去被委以重任的

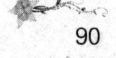

机会。因为任何一个老板都不希望自己最得力的助手是一个不负责任的人。在他们心里，有责任心的人一定会努力、认真工作，肯于协作，将每一件事都坚持到底，而不会中途放弃；有责任心的人一定会按时、按质、按量完成任务，解决问题，能主动处理好分内与分外的相关工作，有人监督与无人监督都能主动承担责任而不推卸责任。这样看来，你应该很明白一个有责任心的人是多么值得信任了。

从小念书，家长和老师就会告诉我们，学习要主动，越学越有劲，如果让别人强迫你学，越学越后退，在工作当中，主动地承担责任和被动承担责任这两个概念也能带给你两种截然不同的结果。

想在职场中平步青云，主动承担责任也是你实现梦想的一个必备素质。无论在什么时候，把握主动权都是制胜的法宝，工作中如果能够主动承担责任，就能够在职场中得意，既然这样，你还会有别的选择吗？

1.在任务开始前和任务进行中对主动承担责任有正确的认识

（1）在任务还没有开始前，就主动担当起这次任务的责任。对于一个企业的员工来说，主动承担责任就意味着能帮上司分忧解难，不仅能让你脱颖而出，而且在你个人能力展现方

第二章 责任高于一切

面起到关键作用。

比如，在大型的企业中，人力资源非常充足，作为一名普通的员工很难有大展拳脚的机会，假如机会摆在面前，这时候就需要你勇于承担起责任，发挥自己的特长。在主观能动的作用下，热情和潜能才会被激发出来，我们说，热情和兴趣都是最好的老师，在这样的积极状态下，干起事情就会有劲，也就会干得更好。

有一位农民每天都肩挑柴火翻山越岭，去集市换取一天的生活所需，并用剩余的钱供自己的孩子上学。

儿子放暑假回到家里，父亲为了培养儿子的吃苦精神，便叫儿子替他挑柴禾上集市去卖。但儿子很不情愿才答应了他，翻山越岭肩挑柴禾着实把他给累坏了。挑了两天，儿子再也不动了。

父亲没办法，只好叹着气让儿子歇着去，自己还是一天接一天挣钱养家糊口。可天有不测风云，一天父亲病倒了，而且病得不轻，这一病就是半个月。家里失去了生活来源，眼看就要断粮了，儿子没有办法，终于主动地挑起了生活的重担，每天天不亮，儿子学着父亲的样子，上山砍柴，然后拿到集市去

卖，一点也不觉得累。

看着儿子的变化，父亲心里非常高兴，"儿子，别累坏了身子！"父亲又喜又爱地看着儿子忙碌的身影对他说。

这时，儿子把手中的活儿停了下来，对着父亲说："父亲，我这些日子来一直有个奇怪的感觉，一开始的时候你让我挑柴火，我挑着那么轻的担子都觉得特别累，但是现在我挑得越来越重，相反倒觉得担子越来越轻了，这是什么原因呢？"

父亲赞许地点了点头，对儿子说道："这是两个方面的原因，一是你身体承受的能力经过锻炼越来越好，所以你觉得轻。另外一个也是最重要的一个，因为是你主动去挑重担的缘故，主动需要勇气，而这勇气便是你最大的力量。你的体力加上你勇挑重担的勇气，当然会使你觉得担子轻了。"

（2）既然你选择了主动承担责任，那么在执行过程中，就要不畏艰难。担当负责人可不是一件轻松的事情，要不怎么有那么多人都想逃避责任呢，它需要你耗费时间，耗费精力，而且这还是其次，最难的是在执行过程中可能会遇到重重的阻碍。这是不可回避的，你想啊，如果没有困难，轻松容易就能完成任务，然后还能拿到奖励，假如有这么好的事情，那么，

第二章 责任高于一切

这个责任就会有很多人都来抢,都来要,可能就轮不到你了,就是一句俗话:"不能让煮熟的鸭子飞了。"所以,在决定担当责任人之前就应该考虑到困难的存在,以便在执行过程中能更快更好地渡过难关。

而且,遇到困难了,不能被困难所吓倒,看到来势汹汹的大风浪就要退缩,这样的人也是遭人唾弃的。在古代,冲在最前面的士兵如果被对方的攻势吓得往后退,这是犯了兵家大忌的,不战而退会极大地影响全军的士气,那样战争十有八九就输定了,所以,将领在打艰苦的大战或者敌强我弱的战役之前,都会规定"退后者斩"。职场也是一样的,如果你接了任务又临阵逃脱,就让下面的工作不好开展,造成很多同事或后面的很多工作都极其被动,如果你做了这样的人以后想要再翻身,那可就是难上加难了。

2.主动勇敢地承担起后果

对于积极承担责任来说,很多人都能做到,这里要强调的是主动承担事情的后果。后果,指的自然是不良的结果。金无足赤,人无完人。人生在世没有人会不犯错误,有的人甚至还一错再错,既然错误是无法避免的,可怕的不是错误本身,而是怕错上加错,不敢承担后果。

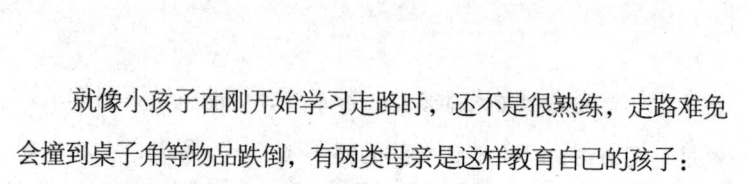

就像小孩子在刚开始学习走路时，还不是很熟练，走路难免会撞到桌子角等物品跌倒，有两类母亲是这样教育自己的孩子：

一种是妈妈立刻把孩子抱起来，对着桌子狠狠地打几下，然后哄小孩说这是桌子的错，不是他走得不好，这样的态度就是无形的教育孩子推卸自己的责任，认识不到自己的错误，在孩子幼小的心灵里埋下了不敢承担责任的种子。

另外一种是妈妈鼓励孩子自己站起来，跟孩子说："你是多么聪明，多么勇敢，再走一次，妈妈相信你。"然后，告诉孩子撞到桌子是因为孩子什么地方没有走好。这样的孩子长大后总是能够勇敢地承担起责任，并从失败中吸取经验，得到别人的赞许和肯定，在人生的路上越走越好。

长大以后，我们步入社会，可是很多道理和蹒跚学步一样，自己做得不好，做错了就要站起来，不能耍赖不起，或者是悄悄地消失，应该承担该承担的责任。

人非圣贤，孰能无过？知错能改，善莫大焉。即使是能力出众的人也会有把事情办砸的可能，这是不可避免的。不要采取消极的逃避态度，而是应该想一想自己应怎样做才能最大限度地弥补过错。

经常会听见有人说"敢做就要敢当"，这个道理很简单，

第二章 责任高于一切

就像有三个人同时办一件事情，一个人办得很完美，无可挑剔。第二个人呢，办砸了，然后他就找种种的借口和托辞，想表明这不是自己的错，而是客观条件的影响。第三个人呢，也办砸了，但是他不给自己找理由，勇敢地承担起办错事的后果，愿意受到处罚，并努力弥补错误，把损失降到最低。对于第一个人，大家给予他肯定和赞赏，希望他再接再厉。对于第二个人，大家都会看不起他，认为他是一个无能的、软弱的人。而对于第三个人，你会发现，在三个人中间，人们的感情会更倾向他，大家不会认为他没把事情办好是因为他没有能力，都会赞扬他能勇于承担责任。这个人呢，也会从这次的失败中吸取教训，下一次就会考虑得更周到，办得更好。

办错事本身并不可怕，可怕的是不敢承担后果，只要你能以正确的态度对待它，勇于承担责任，错误不仅不会成为你发展的障碍，反而会成为你向前的推动力，促使你不断地、更快地成长。任何事情都有它的两面性，错误也不例外，关键就在于你从什么样的角度去看待它，以怎样的态度去处理它。

"猛虎之犹豫不如蜂蝎之烈"，一个人要是每遇到需要做决定的事情就犹豫，那么这种人还能做什么大事呢？想要获得成功的人，就必须经过努力学习和严格训练，但是光有这些还不够，还必须具有承担责任的勇气。

敢于承担责任是勇气更是力量，这种力量能促使人变得坚定和自信，这种力量能焕发出人本身都不可预知的潜力。在职场中，只有我们敬业于自己所从事的工作，并把这种心态持之以恒，我们自身的价值也就在此凸显了出来。

第二章 责任高于一切

播下责任的种子

居里夫人是一位杰出的科学家,同时也是一位非常优秀的母亲,她一直用神圣的母爱滋润着孩子们的心,并从整个科学生涯和人生道路上体悟出一个道理:人之智力的成就,在很大程度上依赖于品格之高尚。

居里夫人是在28岁时结婚的。两年后,居里夫人刚好30岁,她的第一个宝宝出生了,那是一个女儿。在大女儿五岁的时候,她的第二个女儿也出生了,当时正是居里夫人发现新放射性元素和镭的阶段。忙碌完每天无休无止的实验以后,还得给宝宝和丈夫做饭,当这一切都做完以后,居里夫人的劳累可

想而知。但是，这样的忙碌并没有影响她把自己的爱倾注给两个孩子，她竭尽全力尽一个母亲的责任。居里夫人一直都坚持着每天去工作之前，一定要检查孩子是否吃得好、睡得好等，这样她才能安心地离去。

居里夫人一直认为，母女之间的感情与心灵的交融，必须靠自己的努力才能做到。她认为，保姆并不足以替代母亲的爱，所以很多事情她都亲自动手。居里夫人不愿意为了世界上任何事情而影响孩子的生长发育。所以，即使在工作最苦最累的日子里，她也要留出一些时间去照顾孩子，她常常给孩子洗澡换衣，给孩子缝补破了的裙子。居里夫人还为孩子准备了两个记事本，上面每天都记着她为自己孩子需要做的事和孩子每天的生长状况。这种记录一直都坚持着，直至孩子成长为大人时才终止。

居里夫人还认为负责的品格对一个人的智力发展起着很重要的作用，所以她把自己一生追求的事业和负责的精神都延伸到孩子的身上，她注重利用各种机会给自己的孩子带来良好的影响。在居里夫人的精心培育下，她的两个孩子都非常优秀，

第二章　责任高于一切

大女儿荣获了诺贝尔奖，二女儿也成为一位杰出的音乐教育家和作家。

每个人都肩负着责任，工作、家庭、亲人、朋友，我们都有一定的责任，正因为存在这样或那样的责任，才能对自己的行为有所约束。社会学家戴维斯说："放弃了自己对社会的责任，就意味着放弃了自身在这个社会中更好的生存机会。"

活着就意味着责任，我们每个人都应该对所担负的一切充满责任感。但责任感与责任不同，责任是指对任务的一种负责和承担，而责任感则是一个人对待任务、对待公司的态度，责任感是简单而无价的。

有一位企业家说："职员必须停止把问题推给别人，应该学会运用自己的意志力和责任感，着手行动，处理这些问题，让自己真正承担起自己的责任。"

确实如此，在工作和生活中，有些人总是抱着付出少许、获取更多的思想行事。在这种情况下，不负责任的问题就出现了。如果他们能够花点时间，仔细考虑一番，就会发现人生的因果法则首先排除了不劳而获。因此，他们必须要为自己身上所发生的一切负责。要对自己负责，做一个负责的人。

一个人责任感的强弱决定了他对待工作是尽心尽责还是浑

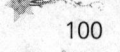

浑噩噩，而这又决定了他做事效果的好坏。如果你在工作中，对待每一件事都是认真负责的，出现问题也绝不推脱，而是设法改变最坏的结局，那么你将赢得足够的尊敬和荣誉，否则，你将毁了自己的一切。

如果一个人希望自己一直有杰出的表现，就必须在心中种下责任的种子，让责任感成为鞭策、激励、监督自己的力量，使自己在工作上尽心尽责。

责任感是我们战胜工作中诸多困难的强大精神力量，使我们有勇气排除万难，甚至可以把"不可能完成"的任务完成得相当出色。而一旦失去责任感，即使是做我们最擅长的工作，也会做得一塌糊涂。

有人说，只有那些有权力的人才需要很强的责任感，而自己只是一名普通员工，只要把事情做完了就行了，至于责任感有无皆可。事实上，你的工作是做给自己的，不只是为了交差。

事业有成者无论做什么，都力求尽心尽责，丝毫不会放松；成功者无论做什么职业，都不会轻率疏忽。

在某一个时刻或某一段时间，我们是有责任感的，否则不可能完成自己的工作。但让责任感成为我们脑海中一种强烈的意识，深入到工作中的一点一滴，并一直坚持下去却十分困

难，成功的人不是因为他们没有怠惰的时候，而是在他们坚持的过程中理智战胜了感情，责任战胜了惰性。

尽职尽责

我在一本书上找到了关于对"尽职尽责"的解释:

"尽职尽责是一种全心付出。尽职是一种挑战困境的勇气,尽责也是战胜一切的决心。尽职尽责是对工作职责的勇敢承担,是对工作环境的积极适应,也是对自己所负使命的忠诚和信守。"

当今时代,虽然为人们提供了很多发展自己人生和事业的机遇,但是受社会影响,许多人的身上也滋生出了一种自私散漫的态度,他们认为别人的工作不负责任,给他们的工作造成了很多障碍,却从不面对自己,检点自己的工作态度。许多人

第二章 责任高于一切

将谋求自我实现、自我发展、自我创业视为天经地义的事,而忘了只有责任感才能够让个人的价值得到实现,也只有具备尽职尽责精神的人,才会受到别人的重视和提拔,才配做一个合格的创业者。那些不能理解这一点的人,十分不幸地陷入了对自己危害极大的误区。他们不受约束,不严格要求自己,也不认真负责地履行自己的职责。在工作和生活之中,他们以玩世不恭的态度对待自己的工作和职责。对自己所在机构或公司的工作报以嘲讽的态度,稍有不顺就频繁跳槽。他们对自己的工作敷衍塞责,故步自封。任何工作到了他们的手里都不能认真对待,以致年华空耗,事业无成,又何谈什么谋求自我发展、提升自己的人生境界、改变自己的人生境遇、实现自己的人生梦想呢?

没有一个人可以不尽职尽责就将自己的工作做好。那些卓有成就的人,都是因为对自己所做的工作有一份别人无法达到的执着,怀着别人没有的责任感才将自己的事业推向了顶峰。

姚明是NBA赛场上的"红人",身价上亿美元;白发斑斑的美国Viacom公司董事长萨默·莱德斯通神采奕奕,永远年轻,他所领导的公司在美国拥有很大的名气;事业有成的比尔·盖茨仍潜心凝神地工作,决意把微软的产品推向全球每一

个角落。他们的身份各异,但是仔细分析,他们对待工作的态度却惊人的相似。

认真地对待工作,百分之百地投入工作,从来没有想过要投机取巧,从来不会耍小聪明。有时候我们也许会对那些认真的人表示怀疑,认为他们那样做很可能会让自己的付出大于收入,但事实和成就是用时间来证明的,你的聪明和对工作的斤斤计较有时不见得是一种聪明的表现。

儿时经常和小朋友们做游戏,在一次游戏中,同玩的小朋友有人扮演将军,有人扮演连长,也有人扮演普通的士兵。我最好的朋友小林抽到了士兵的角色,他要接受所有人的命令,而且要按照命令认认真真地完成任务。"现在,我命令你去那个门旁边站岗,没有我的命令不准离开。"扮演将军的小魏指着一个臭气熏天的垃圾房神气地对小林说道。"是,将军。"小林快速、清脆地答道。接着,"将军"们离开了那个玩的地方,而小林来到垃圾房旁边,立正,站岗。时间一分一秒地过去了,小林的双腿开始发酸,双手开始无力,天色也渐渐暗下来,而且开始有打雷声。下命令的小魏早已经不见了踪影。我回家的时候看见他仍然倔强地站在那里,就拉着他往回跑,可

第二章　责任高于一切

是，跑到一半时，他又返了回去，并坚持等小魏来下命令。"不行，这是我的任务，我不能离开。"他坚定地回答。"好吧。"当时的我实在是拿那个家伙没有办法，只好摇了摇头，跑回家，看到我也离他而去，他开始觉得事情有一些不对劲：也许小伙伴们真的回家了。在风雨之中，他哭着站在那里，还是不离开。雨下了起来。他着急了，他很想离开，但是没有得到离开的准许，他只有站在那里被雨淋。幸好他的父母找到了他。

第二天，我们才知道他因为淋了雨感冒了。他没有去上学，在家里打吊瓶。那天放学后我们相约到他家去看他，一进他家门，就看见他快速站起来，并向小魏道歉说自己不该在没有允许的情况下回家。小魏被他说得一下子脸红了，而他却还认真地说对不起。我们被他认真的样子逗得前仰后合。

如今的他成了一位真正的军官，并多次受到表扬，这个结果得益于他的责任心。

管理学家认为，尽职尽责首先是员工的一份工作宣言。在这份工作宣言里，你首先表明的是你的工作态度：你要以高度的责任感对待你的工作，不懈怠你的工作，对于工作中出现的问题能勇敢地承担，这是保证你的工作能够有效完成的基本条件。尽职尽责让人坚强，尽职尽责让人勇敢，尽职尽责也让人知道关怀和理解。因为我们对别人尽职尽责的同时，别人也在为我们承担责任。无论你所做的是什么样的工作，只要你能认真地勇敢地担负起责任，你所做的就是有价值的，你就会获得尊重和敬意。尽职尽责不在于工作的类别，而在于做事的人。只要你想、你愿意，你就会做得很好。事实上，不管做什么事都需要全心全意、尽职尽责，因为尽职尽责正是培养敬业精神的土壤。如果员工在工作中没有了职责和理想，他们的生活就会变得毫无意义。所以，不管从事什么样的工作，平凡的也好，令人羡慕的也好，都应该尽职尽责，在敬业的基础上取得不断进步。

即使你的工作环境很艰苦，如果能全身心地投入工作，最后你获得的不仅是经济上的宽裕，还会有人格上的自我完善。

在西点军校演讲时，麦金莱总统对学员们说："比其他事情更重要的是，你们需要尽职尽责地把一件事情做得尽可能完美；与其他有能力做这件事的人相比，如果你能做得更好，那么，你就永远是个好军人。"

无论做什么事都需要尽职尽责，它对你日后事业上的成败都起着决定作用。一个成功的经营者说："如果你能真正制好

第二章　责任高于一切

一枚别针，应该比你制造出粗陋的蒸汽机赚到的钱更多。"然而，遗憾的是，没有多少人领会到这一点。

一旦你领悟了全力以赴地工作能消除工作的辛劳这一秘诀，你就掌握了获得成功的原理。即使你的职业是平庸的，如果你处处抱着尽职尽责的态度去工作，也能获得个人极大的成功。如果你想做一个成功的值得上司信任的员工，你就必须尽量追求精确和完美。尽职尽责地对待自己的工作是成功者的必备品质。

尽职尽责还需要持之以恒。功亏一篑的例子太多了，比如说，水烧到九十九度，你想差不多了，不用再烧了，那么，你永远喝不到真正的开水。在这种情况下，百分之九十九的努力就等于零。

作为一个员工，既然选择了一个公司，就要把自己的事业和公司的发展结合起来，对所在公司的企业文化有一个认同感。这样，你就会与公司一起同生死、共命运。在公司兴旺发达时，你就会有巨大的成就感和荣誉感。同时，公司会为拥有像你这样优秀的、忠诚的员工而自豪，你也会为与这样优秀的公司合作而光荣。当公司境况不佳时，你就会感到责任重大，并为扭转公司形势而倾心尽力。

也许你是一个不错的员工，上司会信赖地指派你去办个小差事，你能保证把任务完成吗？如果你前往办事的地方是有名的旅游胜地或是你久未见面的朋友故乡，你会不会忘了尽职尽责？你会不会放松你的责任心？事实上，每个人在接到一项任务时，都会有压力和厌烦感，有时他们不能克制自己，他们会因为外界的诱惑而不能把精力投入到工作中去。所以，能否努力克制自己是尽职尽责的员工和平庸员工的最大差别。

第二章　责任高于一切

责任铸就成功

对任何人而言，无论做什么事情，都要记住自己的责任，无论在什么样的工作岗位上，都要对自己的工作负责。

正泰集团董事长南存辉曾说："正泰有两个'上帝'，一个是顾客，一个是员工，要善待这两个'上帝'。"

中国古代思想家荀子认为，对于一般百姓，你只剥削他，而没有给予利益；只想百姓效忠你，而你从不关怀他们；只强迫大家为你做事，你不曾为百姓做实事。这样治理国家，结果只有一个可能，就是灭亡。

治国要"以人为本"，治理企业也要"以人为本"。

李嘉诚说:"最重要的是要了解你的下属希望的是什么。第一,除了生活,他们一定要前途好;第二,除了前途好之外,到将来他们年纪大的时候,有什么保障,有很多方面要顾及到。"

我们常常认为只要准时上班、按时下班、不迟到、不早退就是敬业了,就可以心安理得地去领工资了。其实,敬业所需要的工作态度是非常严格的。一个人不论从事何种职业,都应该心中常存责任感,敬重自己的工作,在工作中表现出忠于职守、尽心尽责的精神,这才是真正的敬业。

社会学家戴维斯说:"放弃了自己对社会的责任,就意味着放弃了自身在这个社会中更好的生存机会。"

李嘉诚说:"可以毫不夸张地说,一个大企业就像一个大家庭,每一个员工都是家庭的一分子。就凭他们对整个家庭的巨大贡献,他们也实在应该取其所得,反过来说,就是员工养活了整个公司,公司应该多谢他们才对。"

有这样一则招聘教师的广告:"工作很轻松,但要全心全意,尽职尽责。"事实上,不论你从事何种职业,无论你处在什么样的位置都要对你的工作全心全意、尽职尽责。

任何一个人都应该尽自己的最大努力,求得不断的进步。

第二章　责任高于一切

这不仅是工作的原则，也是人生的原则。如果没有了职责和理想，生命就会变得毫无意义。无论你身居何处，如果能全身心地投入工作，最后都会取得一定的成就。

知道如何做好一件事，比知道很多事情却都只懂一点皮毛要强得多。

有这样一位校长，在每次高年级学生的毕业典礼上，他都会给学生说这样一段话："比其他事情更重要的是，你们需要知道怎样将一件事情做好，与其他有能力做这件事的人相比，如果你能做得更好，你就永远不会失业。"

上面的话，其实就是告诉我们，无论从事什么职业，都应该精通它。任何人都应该下定决心掌握自己职业领域的所有问题，使自己变得比他人更精通业务。如果你是工作方面的行家里手，精通自己的全部业务，就能赢得良好的声誉，也就拥有了一种成功的秘密武器。

希拉斯·菲尔德先生在退休的时候已经拥有一大笔钱，有了这笔钱，他可以安然地度过晚年；然而他却忽发奇想，想在大西洋的海底铺设一条连接欧洲和美国的电缆。随后，他就开始全身心地推动这项事业。前期基础性的工作包括建造一条1000英里长从纽约到纽芬兰圣约翰的电报线路。纽芬兰400英里

长的电报线路要从人迹罕至的森林中穿过，所以，要完成这项工作不仅包括建一条电报线路，还包括建同样长的一条公路。此外，还包括穿越布雷顿角全岛共440英里长的线路，再加上铺设跨越圣劳伦斯海峡的电缆，整个工程十分浩大。

　　菲尔德使尽全身解数，总算从英国政府那里得到了资助。然而，他的方案在议会上遭到了强烈的反对，在上院仅以一票的优势获得多数通过。随后，菲尔德的铺设工作就开始了。电缆一头搁在停泊于塞巴斯托波尔港的英国旗舰"阿伽门农"号上，另一头放在美国海军新造的豪华护卫舰"尼亚加拉"号上，不过，就在电缆铺设到5英里的时候，它突然被卷到了机器里面，被弄断了。菲尔德不甘心，进行了第二次实验。在这次实验中，在铺设到200英里长的时候，电流突然中断了，船上的人们在甲板上焦急地踱来踱去。就在菲尔德先生即将命令割断电缆，放弃这次实验时，电流突然又神奇地出现，一如它神奇的消失一样。夜间，船以每小时4英里的速度缓缓航行，电缆的铺设也以每小时4英里的速度进行。这时，轮船突然发生了一次严重倾斜，制动器紧急制动，不巧又割断了电缆。

第二章 责任高于一切

但菲尔德并不是一个容易放弃的人。他又订购了700英里的电缆,而且还聘请了一个专家,请他设计一台更好的机器,以完成这么长的铺设任务。后来,英美两国的科学家联手把机器赶制出来。最终,两艘军舰在大西洋上汇合了,电缆也接上了头。随后,两艘船继续航行,一艘驶向爱尔兰,另一艘驶向纽芬兰,结果他们都把电线用完了。两船分开不到3英里,电缆又断开了,再次接上后,两船继续航行,到了相隔8英里的时候,电流又没有了。电缆第三次接上后,铺了200英里,在距离"阿伽门农"号20英尺处又断开了,两艘船最后不得不返回到爱尔兰海岸。

参与此事的很多人都泄了气,公众舆论也对此流露出怀疑的态度,投资者也对这一项目没有了信心,不愿再投资。这时候,如果不是菲尔德先生,如果不是他百折不挠的精神,不是他天才的说服力,这一项目可能就此放弃了。菲尔德继续为此日夜操劳,甚至到了废寝忘食的地步,他决不甘心失败。于是,第三次尝试又开始了,这次总算一切顺利,全部电缆铺设完毕,而没有任何中断,几条消息也通过这条漫长的海底电缆发送了出

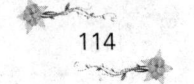

去，一切似乎就要大功告成了，但突然电流又中断了。

这时候，除了菲尔德和他的一两个朋友外，几乎没有人不感到绝望。但菲尔德仍然坚持不懈地努力，他最终又找到了投资人，开始了新的尝试。他们买来了质量更好的电缆，这次执行铺设任务的是"大东方"号，他缓缓驶向大西洋，一路把电缆铺设下去。一切都很顺利，但最后在铺设横跨纽芬兰600英里电缆线路时，电缆突然又折断了，掉入了海底。他们打捞了几次，但都没有成功。于是，这项工作就耽搁了下来，而且一搁就是一年。

所有这一切困难都没有吓倒菲尔德，他又组建了一个新的公司，继续从事这项工作，而且制造出了一种性能远优于普通电缆的新型电缆。1866年7月13日，新的实验又开始了，并且顺利接通，发出了第一份横跨大西洋的电报！电报内容是："7月27日。我们晚上9点到达目的地，一切顺利。感谢上帝！电缆都铺好了，运行完全正常。希拉斯·菲尔德。"不久以后，原先那条落入海底的电缆被打捞上来了，重新接上，一直连到纽芬兰。现在，这两条电缆线路仍然在使用，而且再用几十年也不成问题。

第二章　责任高于一切

希拉斯·菲尔德最终获得了胜利，这种胜利既源于他的尽职尽责，又源于他对困难和压力的勇敢担当。在工作与生活中，每一个人都有可能对压力和困难产生畏惧，但重要的是面对压力和困难时，我们能够勇敢地担当起来，而这种承担，靠的就是尽职尽责的心态。

责任心比能力更重要

职场中，我们往往把能力作为衡量一个人是否能胜任工作的最主要条件，一个人能力的大小取决于自身素质，而这种素质的体现却是需要责任感来实现。

老吴是个退伍军人，几年前经朋友介绍来到一家工厂做仓库保管员，虽然工作不繁重，但老吴却做得异常认真，他不仅每天填写提货日志，将货物有条不紊地码放整齐，还从不间断地对仓库的各个角落进行打扫清理。所以，他的工作受到了大家的一致好评。

三年下来，仓库居然没有发生一起失火失盗案件，其他工

第二章　责任高于一切

作人员每次提货也都会在最短的时间里找到所提的货物。就在工厂建厂20周年的庆功会上，厂长按老员工的级别亲自为老吴颁发了奖金3000元。好多老职工不理解，老吴才来厂里三年，凭什么能够拿到老员工的奖项？

厂长看出大家的不满，于是说道："你们知道我这三年中检查过几次咱们厂的仓库吗？一次没有！这不是说我工作没做到，其实我一直很了解咱们厂的仓库保管情况。作为一名普通的仓库保管员，老吴能够做到三年如一日地不出差错，而且积极配合其他部门的人员的工作，忠于职守，比起一些老职工来说，老吴真正做到了爱厂如家，我觉得这个奖励他当之无愧！"

只要你重视自己的工作，有着高度负责的精神，你一定会有收获。

责任感也是一种强烈的使命感，是人生最根本的义务，也是对生活的积极接受，更是对自己所负使命的忠诚和信守。责任心是衡量一个人成熟与否的重要标准。责任心是一种习惯性行为，也是一种很重要的素质，是做一个优秀的职业人所必需的。

过分地在乎能力，而忽视责任感是一种冒险行为。因为即使一个能力超强的员工如果没有责任心，就会在工作中粗心大意，或是心猿意马，在这种心境下是无法踏踏实实地做好一件事情的。

一个具备能力而又有责任心的人，不论在什么场合，办什么事都会游刃有余。所以我们强调的是责任心而不是能力，如果做一个比喻，能力相当于硬件，而责任心就是软件。责任感能转化成一种无形的能力，将有限的资源进行最优化配置，最终达到事半功倍的效果。

小伟是一家大型企业的质检员。有一次，他看到公司策划员的一个项目报告毫无精彩之处时，就主动做了一份报告，送到那位策划员面前。

那位策划员发现，小伟所做的这份报告文笔出众而翔实，远超过自己的水平。策划员主动舍弃了自己所编的东西，把小伟所编的这一份报告交给了总经理。

总经理详细地研究了这份报告之后，第二天，把那位策划员叫到了自己的办公室。

"这大概不是你做的吧？"总经理问那位策划员。

"不……是……"那位策划员有些战栗地回答。

"是谁做的呢？"经理问道。

第二章 责任高于一切

"是车间里的一位业务员。"那位策划员回答。

经理指派他找来小伟。

"小伙子,你怎么想到把策划报告做成这种样子?"经理问他。

"我觉得这样做,既有益于对内部员工进行宣传,灌输我们的企业文化、理念和管理制度,更有益于对外扩大我们企业的声誉,树立我们的企业品牌,有利于产品的销售。"小伟说。

总经理笑了笑说:"我很喜欢它。"

这次谈话后没几天,小伟被调到了策划部任部长,负责整个企业的策划项目。不到一年时间,他因为在工作中表现出色,被调到总经理办公室担任助理。

有个从不躲避工作,而且本性忠厚、渴求工作的失业者,他总是会频频失业,虽然多次尝试,结果依旧是失败。通过调查,才知道他是干过很多事,但总是嫌负担太重。他想寻求一个安逸的工作,这就是他为什么总是失业的原因。

没有责任感的人有以下三个特点:

1.是一个不敢承担责任的人,懦弱的人

工作墨守成规,从来不会主动去找事情做,都是等着别人

给他找事情做；不敢承担责任，对自己时刻存在一种"自我保护意识"，因为害怕工作风险，所以遇事只会推卸。像这样的人，只能平庸地度过一生，把握不住降临到他手里的机会。因为有不敢承担责任的习惯性心理，所以即使有某些方面的才能也难以抓住垂手可得的机遇。

2.是一个不愿意承担责任的人，懒惰的人

俗话说，在其位，谋其职。工作意味着责任，可是一些人见责任就推卸，能偷懒就偷懒，交代给他的工作迟迟不能做完，即使做完了也保证不了质量。在领导眼中，这样的人，永远是在公司混日子。这种人不仅没有机会提升，只怕不久就会被淘汰。

比如，花匠的工作职责就是让所养的花漂亮、鲜艳，为此就得定期浇水、修剪，花草出现枯萎等情况要及时救治。如果没有意识到自己的责任，不定期护理花草，本该浇三次水，偷懒只浇一次，其结果是，花草不仅不会给你好脸色看，甚至会枯萎、死去。

我买了一盆绿萝，刚买回来时，叶子长得非常茂盛，而且绿油油的，很是惹人喜爱。我对它也是爱护有加，专门买了肥料和喷壶，定期给它浇水，经常观察它的生长情况。几天下来

第二章 责任高于一切

情况很不错,很少出现黄叶的现象。

后来,工作比较忙,每天早出晚归,甚至有时候回去得很晚,只是在每周六给它浇一次水,我发现有几片叶子已经黄了,但是,我并没有在意。直到上周六我例行给它浇水的时候才发现,叶子已经枯黄了一大半。我意识到,这盆花快要死了。我很难过,后悔既然把它买回家,为什么没有负责把它养好。这时我才顿悟:无论做什么工作,哪怕是养一盆小小的花,都是需要对它负起责任的。如果纵容自己懒惰,放弃责任,再容易的事情也办不好。只有具有强烈的责任心,才不会吝啬自己的劳动,才会不惜一切代价去履行自己的职责。

3.没有责任感的人,没有目标的人

一个没有责任感的人,不可能产生一股无穷的力量去实现自己的目标。没有责任感的人就是一个没有抱负、没有目标的人,这样的人生平淡无奇。

有一个刚刚进入公司的年轻人,自认为专业能力很强,对待工作十分随意。有一天,他的上司交给他一项任务——为一家知名企业做一个广告宣传方案。

这个年轻人自以为才华横溢,用了一天时间就把方案做完并交给上司了。他的上司一看不行,又让他重新起草了一份。

结果，他又用了两天时间，重新起草了一份，交给上司看了之后，虽然觉得不是特别完美，也还能用，就把它呈报给了老板。

第二天，老板让年轻人的上司把他叫进了自己的办公室。问他："这是你能做的最好的方案吗？"年轻人一怔，没敢回答。老板轻轻地把方案推给了他，年轻人什么也没说，拿起了方案，回到了自己的办公室。

然后，他调整了一下自己的情绪，又修改了一遍，重新交给了老板。老板还是那一句话："这是你能做的最好的方案吗？"年轻人心中还是忐忑不安，不敢给予一个肯定的答复。于是，老板又让他拿回去重新斟酌，认真修改。

这一次，他回到了办公室里，费尽心思，苦思冥想了一个星期，彻底地修改完后交了上去。老板看着他的眼睛，依然问的是那一句话："这是你能做的最好的方案吗？"年轻人信心百倍地回答："是的，我认为这是最好的方案。"老板说："好！这个方案批准通过。"

有了这一次的经历之后，年轻人明白了一个道理：只有尽

第二章　责任高于一切

职尽责地工作，才能够把工作做得尽善尽美。在以后的工作中，他经常告诉自己不能随便应付，一定要尽职尽责地对待自己的工作。后来，他变得越来越出色，被公司重用。

职场上就是这样，有些员工本来具有出色的能力，却因为不具备尽职尽责的工作精神，在工作中经常出现疏漏，结果让自己逐渐平庸下去。而另外有一些人，刚开始在工作中表现得并不出色，为了改变自身的境况，他们全身心地、尽职尽责地投入到工作之中，想尽一切办法把自己的工作做得完美。结果，在事业上取得了一定的成就。

因为只有那些勇于承担责任的人，老板才放心给他更多任务和工作；只有积极主动负责的人，才是老板心目中的最佳员工。人可以不伟大，可以清贫，但不可以没有责任感。因为你不负责任，也就没有能力可言，能力是需要责任感来承载的，所以，从这个意义上说，责任感胜于能力。

责任体现价值

一个人存在的价值有很多表现形式,这种价值对于每个对象来说也是有异同的。对于家人来说,他的价值体现应该是陪伴他们,给他们稳定的、快乐的生活。对于朋友来说,他的价值体现在朋友需要帮助的时候,能拉上一把,在朋友困惑和高兴的时候,给予安慰和快乐。对于公司来说,他的价值体现通过他的劳动给公司创造的效益。一个人存在的价值不仅仅体现在这些方面,还有一条也是最重要的就是心存多大的抱负和理想。个人价值的体现是由工作来承担的,不论你是员工或者老板,在工作中,只有负起该负的责任,并不懈地把工作做好,

第二章 责任高于一切

你的各方面的价值才能得到最好的体现。

看似很小的事情，恰恰反映了员工的责任心。细节决定成败，每一件大事都是由一件件小事组成的，细小之事就能看出员工的责任感。一个公司里面有很多岗位，可能有人会认为只有老板才肩负起企业的责任，其实，企业的责任是需要每一个员工来共同承担的。即使是一个平凡的岗位，既然它存在是合理的，就代表它有存在的价值，所以，处于这个岗位的任何人在完成这项工作时，不仅体现了岗位的价值，也是对自己价值的一种肯定。

而且，不论你现在从事的工作多么微不足道，都不要轻视它，因为一个轻视工作、对工作不负责任的人，不但在别人眼里没有任何价值，对他本人来讲也一样没有价值。只要你能以自己的工作为荣，用进取不息的认真态度、火焰似的热忱、主动努力的精神去工作，并在工作中逐步提升能力，那么用不了多久，你便会从平庸的岗位上脱颖而出，创造更大的价值。

所以，有强烈的责任感是一个人的工作态度。从一个人的工作态度，就可以看出这个人的工作成就。你可想象一下，一个不负责任的员工，因为工作的大意，交给他的任务总是不能做好，长此以往，这样的人即使不被炒鱿鱼，也没有人愿意与

他合作。

一个三口之家在春天到来时,开始他们的幸福之旅,父母、孩子脸上是喜气洋洋,一切看起来都是幸福美好的。但他们不知道正是这次游玩让他们一步步走近灾难。

为了更好地看风景,一家三口坐上了高空缆车,从高空看外面的景色,真是美不胜收,三人都非常高兴。但随之而来的是灭亡,缆车突然间从高空坠了下来。这时所有的人都意识到灾难来了,因为缆车太高了,人们都认为死定了。但最后营救人员却从坠下的缆车中带回了唯一的一个幸存者,就是那个三口之家中的孩子,一个三岁大的孩子。

后来一位营救人员回忆着说,在缆车坠下时,是他的父亲将他托起,是他的父亲用自己的身躯阻挡了缆车坠下时的撞击,这一挡让父亲救了孩子。

这是一个感人的故事,孩子的父母在生命最后一刻仍旧没有忘记不管在什么时候,什么地点,什么情况下都要保护孩子,这不仅仅是父母对孩子的爱,还是为人父母所应该承担的的责任。所以,在最危急的瞬间,父亲用自己的力量和身体托起了孩子,这个小生命得救了,而父亲,也用自己的生命诠释

第二章 责任高于一切

了责任的价值。

责任,能承载太多的东西,有亲情、爱情、友情。也能体现太多的价值,价值有很多种解释,有功利价值、道德价值、审美价值、神圣价值等,但是,不论是哪一种,都是有意义的。我们的人生是如此丰富多彩,多彩人生的背后却会有很多幸福和辛酸,所谓的酸甜苦辣咸,缺少哪一样都不精彩。所以,不要拒绝责任,因为责任带来的不仅仅是利益、荣誉,还有很多有意义的、美好的、感人的情愫。

责任胜于能力。能力能体现行为人的价值,责任同样也能体现行为人的价值。因为能力是由责任来承载的,我们需要有工作能力,能力越强的人,他所要承担的责任就越大,就能创造更多的价值。所以,勇于负责任的人应该感到自豪,因为你承担起了生命之重。

第三章 忠诚就是竞争力

第三章 忠诚就是竞争力

做忠诚的员工

拿破仑·希尔说:"忠诚,然后世界会回报你。"任何时候,员工的忠诚是企业生存和发展的精神支柱,这是企业的生存之本。忠诚也是一种双赢的法则:无论是员工个人,还是企业,都会从中受益;而如果失去了忠诚,那么,二者都会有不同程度的损失。

美国一位成功学家曾无限感慨地说:"如果你是忠诚的,你就会成功。"

任何一家公司都希望自己的员工是忠诚的,他们都想把那些忠诚敬业的人招进自己的公司,而把那些对公司不忠诚的人

辞退掉。很多老板用人不仅看能力，更重品德，而品德之中最为核心的又是忠诚度。那些忠诚又能干的人往往是老板梦寐以求的得力干将。因为，老板的成就感，老板的自信心，还有公司的凝聚力，在很大程度上来源于员工的忠诚度。

阿尔波特·哈伯德曾经说过："一盎司忠诚等于一磅智慧。"只有智慧而没有忠诚的员工永远也不是好员工。老板所器重的员工往往是最忠诚的员工。那些有损公司形象和利益、泄露公司机密的员工永远都不会得到重用，也难以在事业上一帆风顺，取得成功。

鲁克毕业时年仅23岁，当时的他已经获得双博士学位，他写得一手好文章，口才也很棒，经常参加学校的演讲比赛，还主持学校里的大型文艺晚会。他可谓才华横溢，前途一片光明。

当时他是校领导最看重的学生，认为他肯定能找个好工作，以后做出一番大事业。

可是毕业5年之后，他竟然赋闲在家，很长一段时间以来为找不到工作而发愁。

后来，人们才逐渐明白，原来全是因为他的名声太坏，他给所有工作过的企业都留下了不忠诚的印象，在业界成了一个

第三章　忠诚就是竞争力

不受欢迎的人。

刚毕业那年，他确实找到了一份不错的工作，在一家颇有实力的外企担任市场技术总监，当时很多同学都非常羡慕他找到了一份好工作。但是好景不长，半年之后，他就开始厌烦这份工作，并对自己目前的现状很是不满，于是他利用一次职务之便，将自己公司新开发出来的一套方案卖给了另外一家公司。这家公司给了他一笔数目不小的报酬，而后他就决绝地跳槽到另外一家公司担任策划总监。

时间不长，他又开始躁动起来，他发现有一家企业的待遇高出这里好几倍，顿时又萌生了跳槽的念头。于是他以自己掌握一份重要的产品新配方为砝码，要这家公司聘用他。最后，这家公司以高薪聘用了他，但一个月之后，新东家就辞退了他，因为他们绝不允许一个不忠诚的员工留在公司当蛀虫，同时这家公司也把他列入永不聘用的"黑名单"之中，以后任何时候都不会再聘用这个人。

他当时很不明白这家公司的做法，他骂他们忘恩负义，得到了东西就踢人，这个老板却说："其实这话应该我送给你才

对，它对你来说是最合适不过了。"是啊，当冷静下来仔细思考自己的就业经历时，他不禁感到心虚起来，他觉得自己实在做的有悖良心，那些公司待自己都不错，可面对更大的诱惑时自己却没有把持住。他悔恨交加，发誓以后再也不这样三心二意了，一定要好好工作，做个忠诚的员工。

就这样，他只好重新寻找工作，好在他的坏名声还没有传多远，很快他又找到了一家新公司，凭着他的三寸不烂之舌，他说动了这家公司的老板聘他做副总经理，老板对他很是信任和欣赏，于是就爽快地答应了他。谁知道，这个"人才"在一年之后又旧病复发，他又开始琢磨起出卖公司的勾当来，不过这次他采取的手段与前几次大不相同了，他不再出卖公司的机密，而是直接将骨干核心人员带出了公司——他自己开了一家公司，将所有的业务和技术都带了过去。

但是他的公司正如他的工作一样，总是好景不长，不久，公司就因为经营不善而倒闭了。这样，他又得去打工，但是当他把简历寄出后，没有一家公司录取他，因为他的简历已经在人才中心有了备案，上面有他的不良记录。

第三章　忠诚就是竞争力

因为他曾经是很多大型企业的高层主管,而且才华横溢,因此相对就容易受到众人的关注,因此他的劣迹很快就在业界传播开来,成为人们所熟识的背叛者,被多家企业列入黑名单,从此再也无法进入大型企业。

那些对公司不忠诚的人,不管能力有多么强大,他们都不会得到老板的重视。如果你能做到对公司忠诚敬业,那你到任何地方都可以找到自己的位置。如果你对企业付出了绝对的忠诚,企业就一定会给你应有的回报,包括薪水、荣誉、技能,甚至休假等。实践证明,忠诚度越高的员工创造的价值越多,得到的回报自然也越多。

这是一个讲究平衡的年代,职场中尤其如此。有些人把这种平衡简单地理解为薪水与工作二者之间的关系,而忽视了自己在工作中所得到的知识和能力的增长。因而总觉得自己多么辛苦却没有相应的回报,总觉得老板在剥削自己。

事实上,从表面上看来,老板和员工之间是对立的——老板希望减少员工开支,而员工希望获得更多的薪酬。但是,从另一个角度看,公司需要忠诚和有能力的员工,才能发展;而员工也必须依赖公司这样的一个平台,才能获得报酬,才能更好地展现自己的聪明才智。

正是在这种情况下，忠诚成为职场中必不可少的一种职业道德和操守。只有忠诚的员工们团结起来，组成一个具有凝聚力的团队，才能推动企业不断走向成功。一个公司的生存依靠少数员工的能力和智慧，却需要绝大多数员工的忠诚和勤奋。

金融界的杰出人物罗塞尔·塞奇说："单枪匹马、既无阅历又无背景的年轻人起步的最好方法就是，养成忠诚敬业的习惯。"

很多企业在招聘员工的时候，不仅仅看重应聘者的能力，更多地还是看重人品，而人品中最重要的就是忠诚。在现代职场中，有能力的人很多，但是那种既有能力又对企业忠诚的人却很少，他们成为企业希求的理想人才。企业宁愿录用一个能力相对差些，但是十分忠诚的员工，也不愿意用一个喜欢频频跳槽的人，即使他们能力非凡。

一个忠诚的员工不会轻易地跳槽，跳槽是一种不忠诚的表现。缺乏忠诚度，频繁跳槽，受到损失的不仅是公司和老板，其实还有你自己。当跳槽的做法被越来越多的人用来改变工作环境、寻求新发展的时候，很多人都加入了跳槽大军中，频繁地变动。殊不知，正是因为这一原因，你个人的资源得不到累积，在业界的口碑也会因为频繁跳槽而变差。

如果你对自己的公司很忠诚，老板也会更加信任你，乐意

第三章　忠诚就是竞争力

往你身上投资，提高你的技能，他们觉得你值得信赖和培养。

对公司来说，忠诚不是表现在口头上，而是要用你的实际行动来体现。要把公司的事情当成自己的事情，对公司的财产要爱护，要认可公司的经营模式和经营理念，保持一种和公司同发展的事业心。当公司面临危难的时候，要和公司同舟共济。

张渺是一名销售人员，负责保健类产品的销售，由于是刚刚参加工作，他很珍惜现在的工作机会，对工作十分积极，投入了自己所有的精力和热情，一心只想把业绩做上去。小有成绩后，一些公司以高薪挖他过去，他认为是现在的老板给了自己从事这个行业的机会，才使他学到了很多的东西，现在公司正是需要人的时候，所以他拒绝了其他公司的高薪邀请，继续留在原先的公司。这一情况被老板知道以后，很欣赏张渺的为人，不但把他提升为销售经理，还分了股份给他。

一个对公司忠诚的人必将得到应有的回报，与公司休戚与共，将身心彻底融入公司，尽职尽责，处处为公司着想，这样的员工不论在哪个公司都会有很好的发展，都会得到老板的信任。

孙小梅大学一毕业就来到了北京，在一家物流公司做项目协调工作，一个月只能挣1000元，而且每天从早忙到晚。她的

同学都劝她换一个工作，说这样低的薪水，这么累的工作，不值得她如此卖力。可是孙小梅始终没有放弃，从不抱怨自己工资太低。她诚恳踏实的态度受到了老板的关注，一年以后，她的薪水涨到了每月3000元，并且被任命为一个大型项目的负责人。在新职位上，孙小梅继续保持自己良好的工作习惯，最后被提升为副总经理。

如果你选择了为一家公司工作，为一个老板打工，那么就真诚地、负责地好好工作，相信付出一定会有回报的。

千万不要心怀不轨

现代企业员工，应以企业的利益为先，这是一种良好职业道德和高贵人格的体现，也是员工忠诚品质的直接表现。

一本书上这样说："忠诚是一种责任，忠诚是一种义务，忠诚是一种操守，忠诚还是一种品格。"确实如此，责任是对工作而言，义务是对公司而言，忠诚于领导是对员工自己的道德而言。

管理大师艾柯卡对此说过这样一句话："无论我为哪一家公司服务，忠诚都是我的一大准则。我有义务忠诚于我的企业和员工，到任何时候都是如此。"

无论一个人在组织中以什么样的身份出现,对组织忠诚都是应该的。我们强调个人对组织忠诚的意义,就是因为无论是对组织还是个人,忠诚都会使其得到收获,因为忠诚是市场竞争中的基本道德原则。违背忠诚原则,无论是个人还是组织都会遭受损失,这种损失既有精神的也有物质的。

在工作岗位上,每个员工都肩负着"忠诚于公司利益"的经济责任、社会责任和道德责任,因此,你绝不能从事任何与履行职责相悖的事情,不能做那些有损于企业形象和企业信誉的事。否则,不但会使企业名誉蒙受巨大损失,也将直接影响自己的声誉和事业的发展。

现代企业制度中一个重要特点就是企业所有权和经营权的分离,由此诞生了一些职业经理人,即那些拥有专业管理、经营能力并以此为职业的人。他们是企业的管家,但其本质身份依然是"打工仔",因此,个别职业经理人就会心理失去平衡,对企业没有归属感,于是,他们一边对老板阳奉阴违,一边偷偷培植自己的势力,一旦自以为掌握了核心资源,就明修栈道,暗渡陈仓,甚至反戈一击。这显然是一种不忠的行为。由于他们从一开始就没有找准自己的位置,高估了自己的智商,低估了他人的能量,最后只能落个鸡飞蛋打的结局。

第三章　忠诚就是竞争力

某私营企业的老板是个只有初中文化的农民企业家，10多年的市场打拼，他将自己公司的产品行销全国并逐渐打入国际市场，员工达到1000多人，但此刻遇到了所有家族企业的通病——管理混乱、裙带关系严重等。可喜的是，老板的思想比较开明，力排众议，决定用高薪招贤纳士，在众多的竞争者中，出身名牌大学的罗毅被老板看中。在迎接新老总的全体员工大会上，老板隆重推出他，并郑重宣布从此以后彻底退出总经理职位，只担任董事长，并承诺决不过问公司的具体管理和经营，全权由罗毅负责公司的运作。而且老板说到做到，他从不干涉公司的具体事务，即使有很多人打新老总的小报告，老板也决不轻信。年底老板按照合同付清了给他的高额年薪。但随着罗毅在公司威信的不断提高，亲信的不断增加，以及自己对业务的不断熟悉和关系网络的不断扩展，他的心也渐渐有了改变。他先是利用自己的亲戚搞起了一个公司，用公司的资源喂肥了这个空壳公司。在公司内部，他处处显示自己，终于，一个优秀的民营企业被掏空了。随着公司的财务漏洞越来越大，公司很快陷入困境，董事会强烈要求进行财务监管，这本

来是董事会正常的监督权力，但他却以种种理由阻挠董事会的监管，公司成了一个独立王国！老板忍无可忍，于是召集老部下，轻易就将他送上了法庭。面对铁一般的事实，罗毅惭愧地低下了头。

其实，没有一个企业老总会傻到不了解一个人的性格和企图，只是，他们有自己的用人原则，有自己的做人原则。有些时候他们之所以不会将你的不轨行为公布于众，是因为他们想给你一个反思和改过的机会，而不是说他们不知道你的企图。要知道，他们之所以有今天的成就也是从点滴做起的。你有过的想法他们也曾有过，你有过的做法他们也曾见过。所以，他们的不闻不问不是傻，而是对你的充分信任。同时，如果他轻易否定了你，那就等于轻易否定了他自己。而对于一个部属而言，能够得到老板的信任，那就是你做人的成功之处。所谓知遇之恩，就是别人对你的理解、信任和支持。老板给了你出人头地的机会，那就是一种知遇之恩。对于一个对你有恩的人，你所要做的最起码不应该是恩将仇报。即使老板对你没有知遇之恩，你也应该在一个企业中做好自己的工作，而不是对企业怀有什么企图。

一名优秀的员工，永远都不会被利欲蒙蔽眼睛，而是时刻

第三章 忠诚就是竞争力

用职业道德与高尚的人格来规范自己的行为，努力保持德与行的一致性。即使巨大的利益摆在眼前，也丝毫不为所动，时刻捍卫着企业的利益。

一名优秀员工，需要为公司争取利益，而不是为自己争利益。员工与企业是一对利益共生体，只有公司发展了，员工才会与企业共同发展。因此，当你个人的利益与企业的利益发生冲突时，你千万不能把公司的利益置之度外，一时糊涂会使你后悔终生。

爱克大学毕业后到了一家芯片制造公司工作，和他一起的，还有好友多罗。由于爱克和多罗是学电子产品研究开发的，所以他们两个人都被分配到了芯片研究开发组，在那里他们两个都有机会接触到公司最新产品的核心技术。

爱克和多罗所在的城市，也有一家同样生产芯片的公司，他们两个刚进入研究开发组的时候，这家公司就盯上他们两个了，他们想从爱克和多罗的身上套取一些公司最新的产品核心技术。

刚开始的时候，爱克和多罗都没有被对方所开出的优厚条件所诱惑。不过时间一长，本来就在经济上有些困难的多罗开

始动摇了。多罗为了对方所给的利益，想尽办法让爱克也加入进来，为此还和爱克吵了起来。

原来，那家公司出了一笔很高的价钱，想购买爱克和多罗他们公司的一项最新技术，事成之后答应给他们10万美元的报酬，但是爱克一直都不同意。

"爱克，我们两个从初中认识到现在，我们的友情是任何东西也代替不了的。但是，你知道吗？对方开的价钱，可以让我们两人少奋斗5年。如果我们答应了对方，事成之后，就可以拿着那些钱去做我们想做的事了，你为什么不答应呢？"多罗对爱克说。

"不，多罗，我们不能那样做，如果那样做就违背了我们做人的原则，背叛公司的行为是可耻的。"爱克说。

经过一番劝说，多罗没有办法改变爱克的想法，于是他决定自己瞒着爱克做。

多罗经过几天的"努力"终于把那项新技术拿到手，也得到了那家公司所给的10万美元。这件事，多罗做得很隐蔽，谁也没有发现，包括爱克在内。

第三章　忠诚就是竞争力

一个月后，那家公司推出了一种产品，这种产品正是多罗所卖出去的新技术，为此爱克他们公司损失了近200万美元。这时，公司才知道自己的技术让人出卖了。

爱克和多罗的感情很深，他们一起上初中，一起上大学，最后到同一家公司工作。所以，爱克很了解多罗，当大家知道技术被盗时，他第一时间想到了多罗。对此，多罗也没有隐瞒，他对爱克说了实话。"爱克，我知道你不同意那么做，所以我瞒着你做了，我已经把得到的钱分成了两份，打算在合适的时间给你，我们是好朋友、好兄弟，你不会揭发我的，难道不是吗？"多罗说。

"不，多罗，正因为我们是好朋友、好兄弟，所以我一定要揭发你！我不想我的好兄弟一错再错下去。"

两人为此展开了舌战，最终多罗在爱克的劝说下，答应向公司承担所有的责任。因为多罗在爱克的眼中看到了泪花，爱克每说一句话的时候，眼里都含着泪。他知道自己真的错了，只有向公司坦白才是最好的出路。

两天后，爱克和多罗一同走进了总裁办公室，多罗还带着

那张10万美元的支票。

多罗向总裁说明了来意，并承认了错误。总裁为此要给予爱克奖励，可是爱克拒绝了，因为他出卖了自己的朋友，虽然多罗做错了，但他们仍然是最要好的朋友。

面对两个年轻人的决定和态度，总裁愣了足足3分钟。最后，他开心地笑了，他走过去，拥抱着两个年轻人的肩膀说道："我真的很高兴，虽然我们公司为此损失了近200万美元，但是我得到了两个诚实、忠诚、负责任的员工。公司的损失远远没有你们两个人的价值高。为此，我决定，这件事就我们三个人知道就可以了。至于这些钱，你们自己拿走吧。"

爱克和多罗对于总裁的处理结果感到很意外，也很高兴，因为多罗不用接受法律的制裁，也能继续在公司工作下去。为了感谢总裁，他们把那笔钱以总裁的名义捐给了一所小学。

在总裁的压力下，这件泄密事件也停止了调查，公司也恢复了以前的景象。而爱克和多罗，现在更热爱公司了。

几年后，公司已经把那家公司挤出了芯片制造业，而爱克和多罗已经升职为公司的高级经理。

第三章　忠诚就是竞争力

忠诚是什么呢？有人说忠诚是绝对的服从，也有人说忠诚是死心踏地为某一人或某一项事业奉献自己。其实忠诚不是叫你从一而终，而是一种职业道德。在这个社会中，变化是很正常的，然而，变化的只是环境，不变的是你的忠诚。它是一种自始至终的责任，是对公司的责任，对老板的责任，也是对自己的责任。

对领导忠诚

一家外企公司在招聘员工时,对前来面试的应聘者提出的问题一律是:说一说三国关羽的故事。公司负责人称,此举是想让将来的员工对公司忠诚。

该公司经理告诉应聘者,他从小就喜欢读中国古典名著《三国演义》,尤其崇拜关羽。他想现代社会的企业员工也要学习关羽。"员工们的频繁跳槽对公司的影响太大了,他们公司还是小企业,在刚开始发展时不能因为员工频繁跳槽而带来混乱,所以在选择员工时第一要求就是忠诚。"

凡是老板都非常希望他的员工对他有着十足的忠诚,哪怕

第三章 忠诚就是竞争力

这名员工的能力是低下的，职位是卑微的，但只要是忠诚的，仍然会博得老板的信任，还有可能被委以重任，赋予要职。老板不喜欢朝三暮四、频频跳槽和"身在曹营心在汉"的员工，更讨厌"人一走，信即无"的员工，这类员工对企业存在威胁和伤害——人一走了，就把原企业、老板所有的商业秘密和弱点都泄露给了他的新东家，毫无职业道德和个人信用。

作为员工，在任何时候都不能抛弃自己的老板。艰难的时刻，要尽自己所能帮助老板，始终站在老板的一边。这实际上是一项收益很大的感情投资，你的老板因此开始或重新认识你、感激你、器重你。同时，适当地为老板承担一些责任，也是在为自己留后路，是在做有益于自身发展的事情。

五年前，小林和小伟毕业后一起到了一家计算机软件公司，负责某种办公软件的设计开发。这个公司的规模不是很大，是国家允许注册该类公司中最小的，执照上写得清清楚楚：注册资金10万元。他们之所以愿意去，一是背井离乡急于安身，二是因为老板给股份的许诺。老板比他们大不了几岁，看上去完全一副书生模样，态度很诚恳。可是进去才知道，连这10万元可能都有水分，只从他们的办公条件就可以判断：一

间废弃的地下室，阴暗、霉臭、潮湿，天一下雨，天花板上凝聚而成的水滴源源不断地往下流，电脑上都要罩着厚厚的报纸。连个厕所也没有。出门就是大排档，油烟灌进来，熏得人流眼泪。他们的产品市场前景看起来很好，但资金的瓶颈随时可能将美好的梦想扼杀于萌芽状态。最要命的是，产品没有品牌，只好赊销，还常常收不回货款，因为资金储备少，公司渐渐地连员工的工资都无法按时发放。三个月后，小林动摇了，劝小伟也不要干了，有的是好公司，干吗在一棵树上吊死？股份？老板连他自己都无法自保，哪里还有股份给你？小伟也有些动摇，但是一看到老板每天没日没夜地奔波和诚恳的眼神，又不忍开口了。而且，他过生日的时候，老板在自己的家里为他过，亲自下厨，说了很多抱歉的话，想起这些，他就不忍心走。他想，反正自己还年轻，就算帮帮老板，即使以后公司垮了，也算积累点人生经验吧。结果，小林走了，小伟毅然决定留下来。从那以后，小伟就成了老板的左膀右臂。不久，公司资金链条断裂，濒临绝境，留下的几个人也走了，只剩下小伟和老板两个人。看着老板年轻而憔悴的眼神和孤独而坚定的背

第三章 忠诚就是竞争力

影,小伟反而坚定了自己的意志,他想他能够做的就是和老板风雨同舟。老板对他说:"委屈你了,哥儿们。"他乐观地说:"什么也不用说了,只要你一天把公司开下去,我就一天不离开这里。"老板眼圈红了。他们同吃同住,无话不谈,成了真正的患难之交。半年后,老板筹措到了新的资金,公司重新运转。由于产品质量好,买家愿意先付款了,公司的局面一下子打开了,他们终于掘到了第一桶金。接下来,公司开始招兵买马,发展壮大,短短几年工夫,就成为业内大名鼎鼎的软件公司,小伟也被提拔为公司的副总兼技术总监。年终,老板和小伟一同躺在阳光明媚的海滩,老板禁不住热泪盈眶。他问小伟:"老弟,你知道我为什么能支撑下来吗?"小伟说:"因为你是打不垮的,否则我也不会留下来。"老板却说:"不,其实当人们纷纷离我而去的时候,我就想关门了。我从不怀疑自己的能力,但我当时已经相信'谋事在人,成事在天'的说法了。可是你让我找回了信心,我想只要有一个人留下,就证明我还有希望,反正我已经一无所有了。感谢你!在我想躺下的时候,总有你这双手在拽着我走。我知道当时如果

你走了，我肯定崩溃了！"为了感激小伟在最黑暗的日子里带给他的光明、希望和勇气，老板给了他40%的股份！

忠诚于企业和老板，认可公司的运作模式，由衷地佩服老板的才能，保持一种和企业同命运的事业心，即使出现分歧，也应该树立忠诚的信念，求同存异，化解矛盾。即当老板和同事出现错误时，坦诚地向他们提出来；当公司面临危难的时候，和老板同舟共济。

古人说："人之足传，在有德不在有位；世所相信，在能行不在能言"，这正是说明了做人要有良好道德约束和责任心。那么做人如此，做工作更是如此！如果说良好的道德和责任心可以作为衡量一个人在日常生活中德行的标准，那么良好的职业操守和责任心更可以成为衡量一名员工对老板忠诚的一个尺度。

例如，在工作中经常会有这一现象：一些人遇事就躲、推、烦，对上不服管束，对下我行我素，当一天和尚撞一天钟。很显然其责任心严重缺失。

忠诚和敬业是相互融合在一起的。将忠诚和敬业养成一种习惯的人，就能从工作中学到更多东西，积累更多经验。他们会受人尊重，即使没有取得什么了不起的成就，他们的精神也

第三章 忠诚就是竞争力

能感染他人，最终也能引起他人的重视和关注。

在东南沿海某市有一家不知名的广告公司，主要做承接街道立面的广告业务。公司开始几年发展很平稳，员工工作情绪也很高涨。突然有一年，当地政府下令要整顿所有街道立面广告，各街道立面广告的摊位经营权要重新招标，很多公司得知此消息后，显得危机重重，因为这次招标决定了他们的存亡。招标会如期举行，这家公司不负众望，抢夺了市区内地理位置最佳、施工最方便、占地面积最广、收益效果最好的几条街道。为此，公司上下欢呼雀跃，员工们对未来也产生了无限的憧憬。可这家公司的老板却一点也开心不起来，因为做这些广告前期投入巨大，不是短期贷款可以解决的，很快公司出现了财务危机，员工连续两个月拿不到薪水，工作也渐渐失去了干劲。老板看到这种情况特别着急，于是在第三个月做出了承诺，保证在下个月把工资发到大家手中，希望大家能够坚持下去，因为他坚信只要坚持下去就是胜利。

可天有不测风云，老板还是拿不出钱来发工资，员工们很气愤，集体提出了辞职。在这些员工走后，老板发现唯独有一位老员工还坚守在自己的岗位上，就问他："人家都走了，你

为什么不走?"他说:"我跟了你,就是你的人,公司的存亡有我一份责任,我要和你共同坚持下去。"

又坚持几个月,老板实在无能为力,只好将公司低价转让,在签订转让合同时,老板只提出了唯一的条件,就是要把那位老员工留下。新公司老板质问道:"现在优秀的人这么多,为何非要留他?"老板激动地说:"企业需要的不仅是优秀,而是忠诚。"老板的赞赏,使这个员工又获得了新老板的信任,不久,他在公司获得了更好的待遇。因为这样的员工老板用起来放心。

员工要清楚,自己同老板的利益是一致的,只有用忠诚和才能,博取得老板的信任,你才会得到你所希望的东西。任何一个老板,都会信赖忠诚的员工,如果你缺少这一条,你就不会得到重用。任何人都有责任去信守和维护忠诚,这是对自己所爱的事业和所坚持的信念最大的保护。丧失忠诚,就是对责任最大的伤害,也是对自己品行和操守最大的亵渎。

第三章　忠诚就是竞争力

绝不出卖企业机密

　　秘密之所以是秘密，就是因为它的不公开性，对于做人而言，保守秘密是每个人应该做到的。如果你没有做到这一点，那就证明你没有坚守做人最基本的原则。在公司里，很多信息都是有价值的商业机密，必须严防死守，所以成熟职业人的一条基本素质就是，为公司着想，严格保守公司机密。

　　作为员工不注意保守秘密，不仅难以取得领导的信任，而且还会被"炒鱿鱼"，甚至被绳之以法。如果你守口不严，说话随便，思想松懈，说了不该说的话，有意无意地泄密，轻者会使领导工作处于被动，带来不必要的损失；重者则会给公司

造成极大的伤害，造成不可挽回的影响。

　　李光和张也是很要好的大学同学。毕业后，李光在一家计算机软件公司做程序员，是公司的业务骨干；张也在另外一家同类公司做市场，多年没有联系了。两家公司都在开发同一种前景广阔的办公室应用软件，是最大的竞争对手。一个偶然的机会，当张也知道李光是这个项目的核心人物时，心中大喜，于是，就想利用请客的机会让李光透露一点信息。结果，李光想都没想就应邀赴约了。两人几年没见，异常惊喜，又是吃饭，又是喝酒，被灌得找不着北的李光不知不觉将公司的绝密资料和盘托出。结果李光所在的公司被对方一举击败，李光也只好羞愧地离开。

　　随着市场竞争越来越激烈，为了不给竞争对手以可乘之机，每家公司都很看重自己的商业机密。但是任何一家企业都难以保证每一位员工都能做到保守秘密。现实中，不可避免地会出现员工泄露自己公司商业秘密的情况。有的是因为粗心大意导致失密，有的是因为员工缺乏商业机密的相关知识而在无意中泄密，有的则是员工经不住各种诱惑而恶意出卖公司的机密。如果说前两种情况导致公司机密泄露，还有情可原的话，

第三章　忠诚就是竞争力

那出于个人私利而恶意出卖公司的商业机密，就关系到员工的品德问题。所以，企业在用人时，已经把道德和才能放在了同样重要的地位。不论一个人的能力有多强，如果人品不好，那也是万万不能用的。保守秘密，是身为员工的基本行为准则，是做人诚信的基本要求，是事业的需要。身为员工一定要牢记祸从口出的道理，不要让自己的口断了自己的路。

杰姆是一家大公司的技术部经理，能说会道，且做事果断，很有魄力，老板很倚重他。有一天，一位来自德国的商人请他到酒吧喝酒。几杯酒下肚，德国人对杰姆说："我想请你帮个忙。""帮什么忙？"杰姆很奇怪地看着这个并不是很熟悉的德国人问。

德国人悄悄地说："最近我和你们公司在洽谈一个合作项目。如果你能把相关技术资料提供给我一份，我将不胜感激。""什么，你让我做泄露公司机密的事？"杰姆皱着眉头，显然这对他来说有些为难。德国商人压低声音说："你帮我的忙，我是不会亏待你的。如果成功了，我给你50万美元的报酬。再说，我也会为这件事情保密，这样对你不会有一点儿影响。"说着，德国人就把50万美元的支票递给了杰姆。杰姆

心动了，并接受了对方的支票。

在其后的谈判中，杰姆所在的公司被击得毫无还手之力，损失惨重。事后，公司查明了真相，辞退了杰姆。本来可以大展宏图的杰姆不但失去了工作，就连那50万美元也被公司追回以赔偿损失。杰姆懊悔不已，但为时已晚。许多公司知道了这件事，谁也不愿意用他。

如果一个人失去了忠诚，那么尊严、荣誉及个人前途必然一起失掉。作为一名员工，你要时刻牢记自己的角色，要为公司争取利益，保守秘密，而不是为一己私利出卖公司的商业机密。如今，有些企业的老板为了达到打败对手的目的，可能会利用一些不正当手段获取竞争对手的信息，在这个过程中，他们往往会许以重金，或是诱人的高职位，但等他的愿望实现后，他肯定不会将之前的许诺兑现，因为他同样不敢使用出卖公司利益的人。现实生活中许多人很容易被诱惑打动，他们以为自己能够因此而得到更多，但实际上并非如此，他会失去的更多，而且一旦失去就永远也找不回来了。

做一个有职业道德的人，最起码的一点，就是要保守公司的秘密，这是对每一个员工最基本的要求。无论在什么情况下，我们都应该牢记这一点。

第三章 忠诚就是竞争力

杜绝频繁跳槽

美国专家通过对几十名成功者的研究发现,在决定事业成功的诸多因素中,一个人的能力、知识占了20%,技能占了40%,态度也占到40%,而100%的忠诚是你获得成功的最有效途径,它会使你成为企业最需要的人。

通过忠诚,表现出了你个人的品质,也表现出了你对公司所做贡献的决心。如果你一如既往地对你的公司忠诚,并在公司遇到风浪时与公司同舟共济,那么,你会享受到忠诚所带来的回报。

在日本的大部分公司里,很少出现员工跳槽的情况,因为

这些公司都形成了这样的一种企业文化：每一位员工都要做公司的忠诚战士，为公司尽忠效力。松下公司有一批技术员工，他们的平均年龄都在50岁以上，这些人最少也在松下工作了20年，但是却从来都没有想过要离开。当别人问起他们原因时，他们毫不犹豫地回答道："我们在公司能愉快地找到自己的位置，公司也需要我们。"这就是优秀员工对公司所表现的忠诚，这些忠诚的员工也得到了很好的回报，他们都有公司所奖励的豪华别墅。

　　身在职场的人都会有这样的一种体验：你一旦在工作中表现很出色，老板就会给你更加优厚的待遇，希望能使你继续留在公司。如果此时，你又通过实际行动证明了自己对公司的忠诚，有着跟公司一起风雨同舟的决心，老板会对你更加信任，你也就得到了更多自我发展的机会。

　　虽然从表面上看，你付出忠诚，最直接的受益者是老板，但是你所付出的每一份辛勤，都会使你深受公司的信任。在责任与承诺面前，你的忠诚会使你的价值得到更快的提升。

　　一家著名公司的人力资源部经理说："许多应聘者在短短的时间内调换很多次工作，我的第一感觉就是他不忠诚，频繁地换工作并不能表示一个人工作经验丰富，而是说明一个人的

第三章　忠诚就是竞争力

适应性很差或者工作能力低，如果他能快速适应一份工作，就不会轻易离开，因为换一份工作的成本也是很大的。"

对于员工来说，不频繁跳槽也是对公司的一种忠诚表现形式。我们倡导员工的忠诚，但员工的忠诚和士兵的忠诚是不一样的，士兵的忠诚是绝对的，士兵必须忠诚于统帅。员工的这种自下而上的忠诚并不是无条件的、绝对的和盲目的，而是相互的。

古有"君子一人不侍二主"之说，如今的职场当然没有这样教条化的规定，每个人的职业生涯中都会有变化。一般来说，员工相对公司是处在弱势的位置上，所以员工首先要对企业忠诚，来换取企业对自己的忠诚，员工忠诚的回报是得到更高的薪水、更好的机会、更高的职位等。

但是，如果员工长久忠诚没有得到相应的回报，自己也没得到公司重用，那就是说老板看不上你，不赏识你，为什么还要继续忠诚呢？市场竞争千变万化，大多数企业或企业主的经营是合情、合理、合法的，这是我们必须承认的，但是，也有相当一部分的经营理念不可取，其管理员工的方式是为世人所耻的，有的老板甚至认为剥削员工是天经地义的，这个时候，你就要果断地离开他，到更好的空间去发挥自己的优势，否则，忠诚就会变成愚忠。任何事情都是双向的：企业有选择员工的权利，每个人也有挑选企业的权利。

跳槽不是不允许，但是也不能频繁地更换工作单位。首先，对于个人的发展没有好处，因为你想在公司得到更好的位置，就得先了解这个企业，融入到企业当中去，这个过程是需要时间的。如果频繁跳槽，那么，或许你有机会得到升迁，也被错过了。其次，在短时间内经常变换工作单位，在用人单位眼里，就会认为你不忠诚，对公司没有诚意，不能出色完成工作任务。

所以，职业人要在值得忠诚的公司不懈地努力，当面临形形色色的诱惑时，不能轻易为利益动心，要看到自己公司的前途，不能看到有的公司工资高，能给你一定的好处，就产生跳槽的念头。如果公司确实没有值得留恋的地方，再另作打算。

西门子（中国）有限公司通讯集团北京手机研发中心的代理总监Max Rahm先生曾非常坚定地说："那些每半年、一年就换工作的人，我们是不会要的。"

作为员工，每次跳槽却未必都能"马到成功"，也可能会遭遇沟坎而"马失前蹄"。这是因为频繁跳槽只会分散你的精力，不利于工作经验的积累。

第三章　忠诚就是竞争力

魏欣毕业于北京某名牌大学，学的是行政管理专业，大学毕业五年，换了九家单位工作，平均每半年就跳一次槽，从事了五种不同类型的职业。最近，她从公司离职后，一直在向中意的公司投简历，却迟迟没有得到回应。

她工作的第一家单位对她很有培养意向，她工作也很认真，公司交给的工作也做得很不错。她认为自己很快就能得到晋升，半年后，公司并没有表示要给她升迁，魏欣有些失望。这时，正好同学的公司在招聘，薪水比这里要高，她当即不顾公司的挽留辞了职。这次以后，她似乎找到了"信心"，觉得只要跳槽就能得到比原来更好的待遇，导致以后在工作中不顺心就跳，多次错过了提升和重用的机会，至今一直徘徊在低层职位上面。

优秀员工对待工作的正确态度应该是：忠诚于企业，立足于现实，调整好自己的心态，用坚定不移的毅力将现有的工作做得更好。

忠诚的人会得到许多荣誉和奖励，而那些不忠诚的人，只会引起别人的怀疑，丢失成功的机会。虽然，你通过忠诚工作所创造的价值大部分并不属于你个人，但是你造就的忠诚品质

完完全全属于你，因此在人才市场上你将更具竞争力，你的名字也更具含金量。

从某种意义上讲，忠诚于公司就是忠诚于自己的事业，就是以一种新的方式为我们自己所从事的事业做出贡献。

忠诚不仅仅是国家的需要、企业的需要，更是你自己的需要，因为你要靠忠诚来立足于社会，行走于未来。

第三章　忠诚就是竞争力

忠诚就是竞争力

　　索尼公司的人力资源经理说："如果想进入公司，就首先要拿出你的忠诚来。"索尼公司认为一个人的才华和能力不是本公司录用人才的标准，他首先必须有忠诚的品德。一个人即使再有能力，但是如果没有忠诚，也不能录用，因为这样的人很可能会给公司带来巨大的破坏，造成巨大的损失。

　　一个公司没有一个忠诚的团队，是一件不幸的事。忠诚才能具有凝聚力，才能让公司发展壮大。因此，公司最需要的就是忠诚的员工，那些忠诚而又富有能力的员工是每一个公司都非常重视和欣赏的。也就是说，只有那些怀有忠诚态度的员

工，才能在激烈的职场竞争中获得发展的机会。

中国有一句俗话"一次不忠，百次不用"，说的正是这个道理。去研究那些成功的、被人信赖和敬仰的人，我们往往可以发现他们都具有忠诚的美德。他们的这种修养使你可以在不同的环境中，感染周围的人，所以，他们在任何地方都是重量级人物。

不幸的是在当今职场，员工的忠诚变得越来越稀缺。许多员工为了满足自己的需要，不顾企业利益频繁跳槽，如果说这种现象是由于公司待遇的问题，那也情有可原。但是，我们发现，在管理机制良好的公司，跳槽现象也频繁发生，员工同样也不安分。员工对于"忠诚"二字似乎很无所谓的样子，这种现象实在让人难以理解。在有些企业，一些人甚至对那些忠诚的员工嗤之以鼻，认为对公司的忠诚简直就是极其愚蠢的行为。这种心态更加助长了不忠诚的行为。其实，作为职业人，应该培养自己的忠诚。因为忠诚才有凝聚力，如果所有的人都不忠诚，那么整个团队也就失去了战斗力，在激烈的市场竞争中，整个团队只能成为落后的挨打者。

忠诚是竞争力，忠诚的员工在自己的工作岗位上踏踏实实地做自己该做的事，而不会这山望着那山高。因为他们知道，

第三章　忠诚就是竞争力

只有心稳定下来，人才会有创造力，才会创造出更大的价值。在一个组织中，人们需要相互合作，而信任是相互合作的前提条件，没有信任的合作是不可能成功的。信任的基础是什么？那就是彼此之间的忠诚。只有忠诚于同一个目标，忠诚于同一个主体，信任才不会轻易破裂，才可能更稳固。

付出多少，就得到多少，这是一个基本的社会规则。当你无法投入忠诚时，你自然不会有很好的回报。

有人说忠诚是血液里流出来的秉性。对有些人来说，它是不变的信条，是一种职业良心，或是为人处世的原则。但对有些人来说，则是浅薄的游戏，是在脚底下任意踩躏的人性之花。一个有职业道德的人，心里要有一条准则：可为与不可为。面对利益的诱惑，脆弱的人性就会断裂、扭曲。忠诚是无声的诺言，它价值千金，无物可抵，它有时表现得极为隐性，但却有着不可估量的价值。

忠诚是公司发展的基石。公司要发展，首先应该自身安定，而公司安定与否，人心是第一位的。员工之间的互信合作只有达到高度的默契，让公司形成一个同心向上的整体，这个公司才有可能向外扩展，逐渐占领市场的每一个角落。因此，忠诚最直接地影响一个公司的凝聚力。但现在很多人对忠诚有

一种误解,认为因为自己忠诚于公司,公司就应该给予更多的机会,这显然不能称为正确的思维模式。如果在职场中,想赢取上司的钟爱、信任与重用,视自己为心腹或得力助手,同时也可分享上司的成功果实,那就需要你不存私心的忠诚,而不是斤斤计较于回报的"忠诚"。

一个员工最大的价值在于忠诚,忠诚的员工才会有责任感,才会踏踏实实地工作,才会有竞争力、创造力,组织才会有凝聚力。忠诚不在于空喊口号,而在于真实的行动。所以,不要妄想你可以得到多少回报,你的一举一动都会被看在眼里,如果你确实忠实于自己的公司,你必将被委以重任。如果你没有以忠实为原则,那你必然会被淘汰。因为任何人都不是傻子,你的老板就更不是。

福特公司管理大师李·艾柯卡是个忠诚的人。他在福特汽车面临重重危难之际毅然接手管理,上任后大刀阔斧地实施改革,很快使得福特汽车走出困境。然而该公司董事长小福特是个心胸狭隘之人,他害怕艾柯卡抢了他的公司,于是极力排挤他。这时,艾柯卡处于一种两难的境地,但是艾柯卡终于坚持了下来,没有退缩,更没有抱怨,相反,他勇敢地表示:"只要我在这里一天,我就要忠于我的企业,竭尽全力为我的企业

第三章　忠诚就是竞争力

去努力工作。"如此一来，所有的员工都被他的忠诚品德所感动，连小福特也深深自责起来，艾柯卡终于用自己的人格魅力征服了所有的人。

勤俭节约

忠诚从节约开始,把企业财产当作自己的财产来珍惜,是一个忠实员工的必备品德。也许这只不过是举手之劳,但千万不要小看它,它直接关系着每一个员工和公司的前程。将自己视为公司的主人,时刻秉持厉行节约的原则为公司创造财富是当代企业员工必须注意的现实问题。

从某种意义上说,忠实于公司的利益,还要主动以不同的方式为公司做出贡献。积极改进,主动为公司寻找节约的渠道,这是每个员工义不容辞的责任。

节约是一种优秀品质,是一种精神,是一种教养,是一种

第三章 忠诚就是竞争力

美德。对于企业而言，员工的节约精神可以为企业增值。员工一旦有了为企业节约的意识，也就证明员工已经把企业当作自己的家并忠诚地为这个"家"着想。

在经济学上，有一个千古不易的致富秘诀，就是"开源节流"。所谓"开源节流"是指在财政经济上增加收入，节省开支。对于企业来说，在资源匮乏的现今社会，想要成功就必须要有成本观念。优秀的老板都知道节约的重要性。员工学会为老板、为自己开源节流，就是为企业创造利益，就是真正做到了为老板、为自己开源节流，就是为企业创造利益，从而也将因此受到老板的重视而成就一番事业。

现在，经济的全球化使企业之间的竞争越来越激烈，企业面临的形势也越来越严峻。为此，除了提高产品的市场竞争力之外，有效地降低运营成本已经成为多数企业为自己寻找的另一条出路。道理很简单，在利润空间日趋变窄的情况下，谁的成本低谁就可以获得生存和发展的广阔机遇。另外一个迫使企业寻求低成本的原因是能源与原材料成本的提高。因此，作为企业的一员，树立成本意识，养成节约习惯对于维护企业利益具有非常重要的意义。

也许有人会说"节约是公司的事，是老板的事，我那么节

约干什么？老板又不给我加薪。"是的，节约确实是公司自己的事，但作为公司的一员，你的节约意识可以让公司多一个可以信赖的员工，可以说你的行为对公司有着最直接的影响。当然，不能说你不节约就会对公司造成什么大的经济损失，但至少可以反映一个人的思想境界及其对公司的忠诚度。一些不够忠诚的员工总错误地认为那是领导者的事，是职能部门的事，与自身关系不大，因而事不关己，高高挂起。但反过来想想，假如你把公司真正当成自己的家，你还会浪费公司的一针一线吗？所以，这些小小的举动不只是一个举动而已，更多的是你的人格和对待公司的心态问题。

朱子毕业后幸运地进入一家工作环境好的公司，报酬也丰厚，升迁的机会也多。朱子工作十分努力，很快就做出了成绩。年终他被上司召见，满以为自己可以获得更好的收获。但让他想不到的是老板竟对他说："朱子，你这一年的工作情况很好。不过，公司为控制成本，要紧缩人员，这是件不得已的事，想必你可以谅解。按照规定，你可以领取3个月的失业金，相信你很快就能找到更好的工作。"

朱子被这突如其来的打击惊呆了，有些不知所措，甚至怀疑自己是不是听错了，于是他壮着胆子问："你的意思是我说

第三章　忠诚就是竞争力

被解雇了？我到底犯了什么错？难道因为我工作不努力或者能力不够吗？"

"请你不要激动，公司能从几百个应聘者中选中你，完全可以看出，你个人的能力是没有问题的，工作也非常努力。但遗憾的是，你并没有把自己当作企业的一员。"说着，上司拿出一份资料，"据我的观察和记录，你在一年中的出差成本比同类员工的成本高出30%。从你报销的单据可以看出，你从来没有乘坐过比出租车更为方便和快捷的地铁交通，也从来没有吃过旅馆为每位住宿客人提供的免费早餐。另外，你在办公用品方面的领用率也几乎是别人的两倍，而你拿给我的工作报告也都是打在崭新的打印纸上的……"

也许按照一般人的看法，朱子工作努力，又有能力，浪费一点没有什么了不起。但从公司的角度来看却完全相反。这家公司能连续多年实现盈利，其成功的秘诀就是"质优价廉"。这家公司的产品比别的厂家的同类产品一定要便宜。正是这种微小的差别，他们才得以战胜对手，赢得顾客的青睐。因此，这就要求企业必须严格控制成本，否则公司赢利的目标就无法实现。所以，公司要求每一个员工都应该为公司着想，节约成

本，创造更大的利润。而朱子却没有做到这一点。

　　注重节约，养成良好的节约习惯有利于员工自身良好习惯的培养、文明生活方式的形成。因此，树立节约意识对于企业、对于个人都是有益的，也是十分必要的。因为作为公司的一员，你的所作所为就代表着公司，别人从你的身上就能看出公司的"品格"和"素质"。

　　世界上许多著名的公司都有这种看似抠门儿的习惯。丰田公司在办公用品的使用上节省得近乎苛刻，譬如公司内部的便笺要反复用四次，第一次使用铅笔，第二次使用水笔，第三次在反面使用铅笔，第四次在反面使用水笔。沃尔玛公司采集样品的窗口上，赫然写着"标签不可做它用"的提醒。在沃尔玛简朴如大卖场的办公楼里，员工不止一次被告知："出去开会，记着要把公司发的笔带回来，因为笔是要以旧换新的；平常用的纸，记着要两面用完再丢弃，因为浪费实在可耻。"至今，沃尔玛的首席执行官李·斯科特开的还是一辆大众公司的甲壳虫车，而且为了省钱，在出差时他还跟人合住一个客房！

　　在驰名世界的大企业里，越优秀的员工，就越懂得视公司为家的道理。也正是那些视公司为家的员工，造就了一个又一个强大的企业。当然，企业的这些规定并不只是针对员工，

第三章　忠诚就是竞争力

它们的老板往往会在这方面起到带头作用。拉一下灯、省一张纸……虽然这些看起来都是小事，但这些细小的环节加在一起，就决定了一个公司的成败。

工作中，每天节约用水、用电，节约公司的资源，都是员工忠实于公司利益的表现；如果在职人员也能时刻从自身的"开源节流"做起，将会更加巩固在老板心中的地位，也将为自己事业的发展带来契机。从自身开源节流，表现在很多方面，如提高时间观念，减少和避免上班迟到、经常请假、无法如期完成工作任务等事件发生。时间就是成本和金钱，只有养成控制时间成本的习惯，才能有助于工作效率的提升，也为你日后职场的晋升增加了一项竞争资本；又如分期付款购买东西，或者是三思然后再决定是否购买，这也是开源节流；再如社会人际关系也可以开源节流，俗话说，"人脉就是钱脉"，平时对结交一些朋友，多与他人沟通和交流，从而拓展了自己的交际圈，办起事来就会容易得多。

总之，每一名在职人员都应注意自己的行为规范，遵守企业的职业道德，维护企业的形形象和利益，同破坏企业发展的行为进行斗争，从而用自己的忠心证明自己是企业最可信赖、最可担负大任的心腹员工。

忠诚是人际关系的基石

有人说,"忠诚是傻子的专利",那些只知道埋头苦干,老实巴交的人只会受苦,到最后什么都得不到。其实这种人的思维是狭隘的,他没有意识到忠诚的最终受益者是自己。

那些忠实的员工,因为怀有忠实的态度,所以工作时不会偷懒,对于他们而言,干工作的认真精神让他们学到很多知识,而这些知识不是只对工作有利,对他们自己也有很大好处。他们的态度为公司创造了利益。为自己创造了比工资更宝贵的财富。相反,那些整天陷入尔虞我诈的复杂的人际关系

第三章 忠诚就是竞争力

中,动不动就打公司主意的人,即使一时得到提升,取得一点成就,也终究不会长久,而最终受到损害的还是他们自己。

古人说"人无信不立",当我们用忠诚的态度来对待别人的时候,其实也就是忠诚于自己。这个世界上的很多事情很多时候就是这样,是相互的。

王刚是一家软件公司的开发人员。由于公司改变了发展方向,使他觉得已经不适合这份工作了,所以决定换一份工作。

以王刚的实力要找一份工作是很简单的事,在找工作期间有许多企业找上了他而且抛出了令人心动的条件,但条件的背后是要求王刚出卖以前的公司,所以这些企业的邀请都以失败而告终。

一次王刚到了一家大型企业面试,对王刚进行面试的主管是人力资源部主任和负责技术方面的副总裁。他们在面试当中提出了一个令王刚非常失望的要求。"我们欢迎你到我们公司来工作,对于你的能力和资历我们都没有任何不满,我听说你以前所在的公司正在开发一个新的适用于大型企业的应用软件,据说你也参与了开发,能否透露一些你们的情况,你知道这对我们企业也很重要,而且这也是我们为什么在意你的原

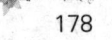

因。"总裁说。

王刚很生气,说:"你们问我的问题令我很失望,看来市场竞争的确需要一些非正常的手段。不过,我也要令你们失望了。对不起,我有义务忠诚于我的企业,虽然我已经离开了,但是什么情况下我都必须这么做。与获得一份工作相比,信守忠诚对我来说更加重要。"说完后就走了。

同样在这家公司面试的许多应聘者也经过了总裁的问话,相对于王刚来说,他们没有做到对公司的忠诚,把公司的情况都说了。

几天后王刚收到了这家公司的信。信上写着:"你被录用了,不仅仅因为你的专业能力,还因为你的忠诚。"而其他的应聘者却没有收到任何回应。

每个人都应该树立起诚实守信的品格,只有他们诚实守信,才会对自己负责,才会关爱身边的一切事物,才不会丧失忠诚。

为坚守忠诚所付出的代价,得到的是荣誉。

为丧失忠诚所付出的代价,得到的是耻辱。

作为一名员工,无论你是否优秀,要想获取成功,希望被

第三章　忠诚就是竞争力

老板委以重任，你需要抛开自己的外骛之心，把自己真正地投入进去，用自己的忠诚去换取你所渴望的回报。

工作中只要真诚地忠诚于自己的企业，那么，就会全身心地融入到企业中，为企业尽职尽责，处处为公司着想，理解老板的苦衷。这样你就会成为老板心目中值得信赖的、可以委以重任的员工了，你也得到了永远不会失去工作的重要保障。

那些在工作中投机取巧、给自己寻找借口、工作中怀着应付老板的心态来做事的人，就算再精明能干，也不可能得到老板的重用和重视。

是否有良好的职业道德，需要用忠诚来衡量。忠诚体现在你对待工作是否尽职尽责、积极主动，忠诚的人从来不会给自己寻找任何借口。

工作中，忠诚于你的企业，忠诚于你的老板，其实是忠诚于你自己。真正的忠诚并不是一味的阿谀奉承，更不是用嘴巴就能够说出来的，它需要经受住一定的考验。

一个优秀的员工，是一个具备忠诚美德的人。忠诚于公司，就是全心全意地为公司着想、为公司贡献，不做有损公司利益的事。

有一位成功者说过："自身价值的创造和实现依赖于忠

诚。"当你因为忠诚主动对老板负责，加倍付出时，老板就会对你的所作所为更加重视，也会让你担当更加重要的职位。

忠诚是一种美德，同时也是一种职业修养。一个对公司、对老板忠诚的人，并不是仅仅对企业忠诚那么简单，还必须忠诚于自己，忠诚于自己的专业，忠诚于自己的国家、社会。

对家庭我们要忠诚于自己的爱人。作为一个老板或员工，我们首先要忠诚于自己的专业。

自始至终我们都在对自己负责，公司用我，因为我有利用价值，因为我是专业人员。专业是我们每个人生存和发展的基础，也是取得事业成功的第一保证。有人说老板要用"奴才+人才"的人，其中的"人才"就是指具有专业水平的人。一个对自己的专业都不忠诚的人，怎么能取得别人、企业的忠诚呢？所以，在工作中要有这样的理念：首先要忠诚于自己的专业，毕竟自己所拥有的一技专长才是我们存在的价值。

要对我们所在的公司忠诚。为什么这么说呢？因为当我们在一家公司工作的时候，我们的生活资源就来源于我们所工作的企业。在这样的理念下，当我们工作的时候我们就要有这样的心态；我为公司工作，公司付我薪水，我就必须为公司付出。企业有企业的发展轨迹，个人有个人的发展轨迹，任何职

第三章　忠诚就是竞争力

业生涯规划都不可能让两者完全重合。公司给我提供了这样的发展空间，我要充分利用这个空间发展自己的专业技能，不断提升自己的市场价值。如果我们具有了这样的心态，我们才能为公司做出更大的贡献。当我们在追求职业发展的时候，我们必须做到两点：一是要忠诚于自己的专业，二是要忠诚于为我们提供工作的企业。

一个忠诚的人，即使遭遇苦难，他熠熠闪光的精神也会让他转危为安。相反，一个不忠诚的人，即使处于优势，也会因为他品质的不专引来祸患。所以，如果你是忠诚的人，即使一时没有利益可图，你的人格尊严和受人尊敬的地位也已经永久地保持了。你的成功会因为你的忠诚而指日可待。

不要愚忠

忠诚并不是盲目地绝对服从。当老板向你下达指令时，要学会分辨是非，学会冷静思考问题，不要被老板的威严吓倒，也不要被老板的甜言蜜语迷惑，要知道利弊，别稀里糊涂地干出一些错误的事情来。

在企业，老板喜欢忠诚的员工。因为这样的员工是可以让人信赖的，他能努力工作，诚心诚意地奋斗在自己的岗位上，也能妥善地保守公司的秘密，这样，才会被老板信任并委以重任。

老板考察一个人是否是好员工，有许多素质要求：能力、勤奋、主动、正直、负责，可是老板更愿意信任那些足够忠诚

第三章　忠诚就是竞争力

的人，即便是他们的能力稍微差一些。因为作为老板，他每天都会为公司做下一步计划。生意场是很残酷的，稍有不慎就会翻船，应酬办公可能会身心疲惫，在这样的状况下，还要时刻防备下属，担心会泄露公司机密，这样的下属老板怎么会喜欢呢？

任何一家公司都希望员工能忠实于自己的公司，这样才能保证公司健康、稳步的发展，一个公司的发展都需要每个员工付出努力和忠诚，如果所有的员工都不忠诚，那么，这不仅关系公司的前途，对于那些不忠诚的员工也不是好事。

员工对老板的忠诚，能够让老板拥有一种事业上的成就感，同时还能增强老板的自信心，使公司的凝聚力得到进一步增强，从而使公司不断发展。所以，很多老板在用人时不仅仅看重个人能力，更看重个人道德，而忠诚是体现一个人道德的最好表现。既忠诚又有很强工作能力的员工是每个老板都想要拥有并重视的。

既忠诚又有能力的员工，这种人不管到哪里都是老板喜欢的人，都能找到自己的位置。而那些三心二意，只想着个人得失的员工，就算他的能力无人能及，老板也不会委以重任的。

上司一般都把下属当成自己人，希望下属忠诚地跟着自

己，信任自己，听自己指挥。下属不与自己一条心，背叛了自己，心存二意等，都是上司最反感的事。而讲义气、重感情、经常用行动表示你信赖他、敬重他，便可得到上司的喜爱。

当然了，我们所讲的忠诚于你的老板，是指你的老板值得你去忠诚于他。如果说一个没有信义，没有道德的人是你的老板，如果他所要你做的是缺乏诚信道德的事，那你就应该拒绝接受，如果为了忠诚于他，放弃自己的道德操守，那这样的忠诚是不可取的，也不是我们提倡的。所以，在遇到这种情况时，就要果断地拒绝或者选择离开。

老板也会犯错，如果说在工作中遇到老板向你下达不该执行的错误命令的时候，如让你撒谎，这时，你就要分清这个谎言的轻重，如果对别人没有造成伤害，而且不违背道德规范，比如老板不想见某个人或者不想听某个人的电话时，就会交代你撒个谎回绝掉，像这样的事情，撒谎也是可以原谅的。但是，遇到这种情况员工当然要灵活变通，既不能不按老板的话做，也不能得罪那个人。有的人就不知道怎样去应付这种情况，可能会认为只要忠诚于老板，得罪于人也没关系，那就又错了，老板不见那个人并不代表老板要得罪那个人，假若处理不好，就会两方面都不讨好。所以，忠诚也是需要动脑子的，不是唯命是从，没有充

第三章 忠诚就是竞争力

分理解老板的意图,结果就会适得其反。

但是,如果老板让你撒个弥天大谎,而且还涉及道德或者犯罪,这时的你就要睁大眼睛,分辨清楚了,无论老板怎样威逼利诱,你都不能屈从。你可以适当委婉地提醒老板这样做的危害,假如他还是执迷不悟,那你也不能同流合污。如果怕失去工作而存着侥幸心理去做,事情一旦暴露,既害了人也害了己,俗话说:要想人不知,除非己莫为。况且,这样不讲究诚信的老板往往在事发后都会丢车保帅,保全自己,反过来把责任全盘推到你的身上,利用你的忠诚陷害你,让你一个人背黑锅,那可就跳进黄河也洗不清了。所以,当老板让你做一件涉及违法犯罪的事情时,你一定要拒绝。

现在,有些刚进入职场的人急于表现自己,常常急功近利,事业发展得并不尽如人意。出现这种结果,原因其实很简单,老板和上司在考察一个员工能力的时候,不是单一的某一项,而是综合素质,所以需要一定的时间。如果入职已经有一段时间,还没有升职的迹象,就要考虑自己的日常工作有哪些地方做得不够。坚信只要忠实于自己的岗位,忠诚于自己的公司,并努力提高自己的能力,升职加薪是迟早的事情。

忠诚是相互的,你忠诚地对待老板,他也会真诚对待你;

当你为公司的付出增加一分,公司对你的回报也会增加一分。只要你是真正对公司忠诚,就能赢得老板的信赖。老板会慷慨地在你身上投资,给你培训的机会,提高你的技能,因为他认为你是值得他信赖和培养的。

忠诚是一种准则,是要用行动来证明的,不是阿谀奉承、谄媚献好。忠诚不是说出来的,你行动的表现形式也能反映出心理状态,日久见人心,所以不要和公司玩躲猫猫,虚伪的人很快会被淘汰,诚实的永远是最卓越的。

无条件敬业

借口，是无处不在的，只要你有一丝松懈，它就随之而来。在企业里，为自己的失误和失败寻找借口，是许多员工最容易犯也经常犯的一个错误。逃避责任是缺乏忠诚和敬业精神的人的一种强烈本能。在面临"有利"和"不利"的情况下，他们选择"有利"时纯粹是从个人利益的角度去选择，甚至采取欺骗手段。

不给自己寻找任何借口，是忠诚的表现之一。之所以这么说是因为忠诚的人知道自己的职责是什么，知道什么是尽职尽责，绝不会找借口为自己开脱。

那些对工作忠诚的人知道自己是组织的一分子，组织的生命与自己的命运休戚与共。因此，在他们心中，只有"我们"，没有"你"和"我"，也没有"应该""也许"或者这样那样的借口，有的只是军人般的回答"是""不是""行""不行"等。他们不会用借口来把自己和组织区分开来。忠诚的人主动争取任务，并努力地去执行，他们从来不会说"这不是我的责任""这不是我的错""本来不会这样，可条件不具备"等。忠诚的人懂得立即行动，绝不会用借口来拖延，甚至试图改变组织的决定。

其实，那些找借口的人，他们本来的目的是想通过辩解来证明自己没有错，以求得上司或老板的谅解。可事实上，他们这样做不仅不能达到目的，反而破坏了自己在上司或老板心目中的形象，在老板心里留下了一个不敢面对现实，不敢坦白自己的失误，不敢承担责任的坏印象。你的辩解，可能逃避了一次失误的处罚，但你可能永远也得不到晋升和被重用的机会了。

要想做一个成功者，你就必须明白，不管是在什么地方，什么样的企业，任何一个老板要的都不是借口，而是尽可能完美的工作成果。没有哪一个老板会喜欢一个总为自己找借口的员工。

第三章　忠诚就是竞争力

错了，就是错了，我们应该勇敢地去面对，不要害怕失败，不要害怕错误，成功就是在这样那样的失败和错误中产生的。当我们认识到错误的时候为什么不去勇敢地面对自己呢？

李雄说过："寻找借口的人生，是失败的人生。与其找一大堆借口，不如坦诚地剖析自己的失误，为下次工作总结出有用的经验。"这句话正好为我们解答以上问题。

很多时候，我们会听到同事，或者朋友说些这样的话："算了，太困难了，到时老板过问起来，我们就说条件太缺乏"，或者说"不去做了，到时对老板说人手不够"。这样的同事、这样的朋友多么令人失望啊，他们找借口不仅是逃避责任，更是对自己能力的践踏，对自己开拓精神的扼杀。找借口的人通常都是没有尝试，就已经放弃了。也正是由于这样，他们失去了重要的成长机会，因为只有在工作中、在尝试中，你才能学习更多的技能，积累更多的经验。

忠诚于企业的员工富有开拓和创新精神，他们不会在没有努力的情况下就事先找好借口，而是会想尽一切办法完成公司交给的任务。条件不具备，他们会创造条件；人手不够，他们知道多做一些、多付出一些精力和时间。忠诚的人不管被派到哪里，都不会无功而返。

找借口的人很多，我们往往在坐公交车、公园里散步、餐馆里吃饭聚会时都会听到这样的话："我真倒霉，我怎么没有这种好机会？如果我有这么好的机会，我也不会失败了……"其实，对于说这些话的人来说，他们的失败不是因为没有机会，而是因为他们自己没有去创造机会。所以我希望那些曾经找借口的人，不要再为自己找借口，因为机会是不容等待的。同时，机会也是他们自己创造出来的。

亚历山大大帝在某一次战斗胜利后，继续向另一个城市的敌军发起进攻，这时有个将军问他：我们为什么不等待着机会来临，再去进攻另一个城市，而是现在去攻打呢？也许现在不一定是好时机。亚历山大大帝否定了他的看法，这就是亚历山大之所以伟大的原因。也正应验了一句话："唯有去创造机会的人，才有可能建立轰轰烈烈的丰功伟绩。如果一个人做一件事情，总要等待机会，那是非常危险的。一切努力和渴望，都可能因等待机会而付诸东流，而机会也许最终也不可得。"

有许多人肯定地说，一次好的机会是打开成功大门的钥匙，一旦有了机会，便有可能走向成功。事实确实如此，无论做什么事情，机会一来，那么成功也就不远了，但是在我们得到了机会后，还要通过不懈努力，这样才有成功的希望。

第三章　忠诚就是竞争力

做实事的人总是比找借口的人多得多，虽然有些人并没有找借口，但他们在其他方面还有不足的地方，所以导致了他们的不成功。

很多企业里，都会有业务人员被派往外地开拓新市场，如果都只找方法不找借口，又怎么能不取得成绩呢？失败的人之所以陷入失败，是因为他们太善于找出种种借口来原谅自己，也使别人原谅。平庸的人之所以沦为平庸，是因为他们太善于搬出种种理由来欺骗自己，也使别人受骗。而成功的人，事前头脑中只有"想尽一切办法"，事后头脑中只有"这是我的责任"或"这是我的错"！

第四章

细节决定成败

第四章　细节决定成败

注重细节才能成功

美国著名管理学家吉姆·柯林斯曾经说过:"不愿做平凡的小事,就做不出大事,大事往往是从一点一滴的小事做起来的。所以,在细节处多下工夫吧!"

俗话说,"天下大事,必作于细;天下之事,必成于易"。一个不注重细节的人,往往会是一个眼高手低的庸碌之辈,无论从事什么也不可能有作为,只会因此陷入无知和牢骚中。而一个关注细节的人,早期可能没有什么惊人的成就,但随着对细节的深入重视,他的事业往往会蒸蒸日上。

我们一定要把细节重视起来,因为往往会因为一个很小的错误而导致全局的失败。在工作中，注重细节，常会带给你一些意外的发现和收获。它可以使你更进一步地认识事物，明晰事物的原理，会更加有效地提高工作绩效，从而赢得上司的好感，以获得升职加薪的机会。

那些在工作中出类拔萃的人都有自己切身的体会，他们认为工作细节中常会蕴藏着一些不被别人发现的契机，如果你在没有人填补的空白领域有所发现的话，你就一定会以小的细节作为走向大发现的突破口，改变一些常规陋习，使工作得到实质性的飞跃。

天云公司是一家很大的公司，公司为了扩大规模，打算招收一名素质过硬的职业经理人和十多名普通员工。应聘者很多，博士、硕士、本科生、专科生，各种各样的人才都有。在经过初试、笔试和好几次面试后，留下来的只有15名应聘人员。经理的位子只有一个，需要在15名员工中选出来。所以，最后一次面试将决定谁能获取这个职业经理人的职位。

第二天，这15名面试者一大早就来了，面试开始后，主考官发现面试的人员多了一位，下面坐着16个人。于是对下面的16个人说道："你们当中有谁不是来参加面试的？"

第四章 细节决定成败

"先生，你好，我在第一次面试的时候就落选了，但是我想参加面试。"一个年轻小伙子说。

主考官不以为然地说道："你第一次面试就被淘汰了，参加下面的面试有什么用呢？"

年轻小伙子不卑不亢地对主考官说："因为我掌握了别人没有的财富。"

"哦，你能有什么别人所没有掌握的财富呢？"主考官问道。

"我的经验和我自己本人。"年轻人回答道。对于年轻人的回答，主考人员和坐在下面的应聘者都笑了起来，他们认为年轻人太自大了。

"你能告诉我这样说的理由吗？"主考官问。

"我虽然只有高中学历，但是我有近10年的工作经验，我曾经在八家公司工作过，在三家公司任过部门主管。这10年的工作经验不是任何学历可以替代的，虽然我的学历不高，但是我在工作方面可以胜过他们许多人。"年轻人说。

"你的学历根本不符合我们招聘的要求，但是你接近10年的工作经验却是一笔不小的财富，可是你跳槽了八次，你认为

是一种令人欣赏的行为吗？在我个人看来，你的跳槽也许是个人的能力有问题吧！"主考官说道。

"我并没有跳槽，我曾经工作的八家公司都倒闭了。"这时所有人都大笑起来。一个面试者对他说："你真的很失败，我要是你，都没有脸来到这里了。"

主考官又说："你所在的八家公司都倒闭了，那你对自己的能力没有怀疑吗？而且我也开始怀疑你近10年的工作，有没有学到有用的经验。"

"不，在这些年的工作中，我学到了很多有用的经验，就以这八家倒闭的公司来说，它们倒闭的原因我都知道，并且知道如何避免这些原因，也正因为这些公司的倒闭才使我积累了更多的经验财富。我非常了解我所工作过的八家公司，我与我的同事们都很努力地挽救过，但是我们没有成功。虽然我的学历低，但是我用了10年的时间来学习工作中的各种经验，这些年中，培养了我对人、对事、对未来的敏锐洞察力。"年轻人说。

"哦，是这样吗？不过，年轻人，你不要太骄傲了，虽然你有近10年的工作经历，但是你认为你已经很出色了吗？我们

第四章　细节决定成败

所需要的经理人，不仅仅要有高学历，还需要是一个高素质、全方面的知识人才。你认为你都具备了这些条件了吗？"主考官说道。

"主考官先生，你所说的这些，我认为自己已经具备了，我对自己很有信心，就以现在来说吧，我认为你根本不是真正的老板，真正的主考官也不是你。我说得对吗？"年轻人说。

对于年轻人最后的这句话，主考官非常吃惊，下面的15位面试者更吃惊。

"你有什么证据说我不是老板和真正的主考官呢！"主考官问。

年轻人继续说道："真正的老板和主考官，应该是给大家倒水和打扫卫生的那个老人吧！因为我是从他的举动、眼神、气度方面察觉到的。当我刚才说到主考官和老板并不是你时，他的举动更让我肯定我的看法。我说过，我是一个非常注意细节的人，我从来不会放过任何一个细节。"年轻人说完这段话，就向大门的方向走去。当他快要走出大门时，老人说话了："好！你就是我们所需要的职业经理人，你被聘用了。"

几年后，年轻人已经坐上了总公司副总经理的位子，也成了公司的一位董事。

应该重视细节同整体、同大事、同战略决策的关系。不要只是一味地认为，细小微不足道，我们要看到种种大事都是由于细节的存在而存在的。因为任何整体都是由具体的部分构成的，它们无一不是建立在细节之上的。

为什么会有一些老企业身经百年也常葆辉煌，而有的企业有如昙花一现，三五年就终结了？最根本的原因在于他们对待产品和服务的细节不同。有经验有能力的管理者都认为，细节往往决定着管理是否真正到位。在微观运营方面有缺陷的企业往往不会长久，更谈不上基业常青了。试想一下，一个在微观运营方面存在缺陷的企业会漏洞百出，会人为地造成产品质量下降，甚至还会出现其他弊端。只有注意细节了，才能获得持续发展动力，使企业不断壮大。

对企业而言，细节如此重要。同样，对于一个员工来讲也是至关重要的，一个注重细节的员工，一定有着严谨认真的工作态度。而那些对细节视而不见，或者对细节认为无足轻重的人，他们在工作中缺乏认真工作的态度，认为做事情是为公司做的事情，何必太认真，所以工作中马马虎虎、虎头蛇尾、敷

第四章　细节决定成败

衍了事，这种人永远不会享受到工作的乐趣，工作对于他们来说，是一项备受折磨的苦役。在工作中缺乏热情，永远只能由别人来管理自己，而且自己还是企业事故和麻烦的制造者，永远不会在企业有所发展。所以唯有把工作做细，找到工作兴趣之所在，才能不断深入地认识和提高工作，最后走上成功就是自然而然的事情。

许多企业管理者都认为，有很多的员工与其说他们是怀才不遇，不如说他们做工作拈轻怕重，对企业毫无责任感，工作中好高骛远、粗枝大叶，而不屑从小事做起。结果忽视了细节，铸成了工作中的大事故。那些真正有所成就的员工经常会对工作中的细枝末节，认真参悟，绝不可以想当然。他们往往会牢牢抓住这稍纵即逝的机会。因此，谁在生活中抓住了细节，谁就有可能拥有成功的人生。

万事皆因小事起

　　立大志，干大事，精神固然可嘉，但只有脚踏实地从小事做起，从点滴做起，心思细致，注意抓住细节，才能养成做大事所需要的那种严密周到的作风。

　　想成就一番事业，必须从简单的事情做起，从细微之处入手。在《细节决定成败》一书中我看到过这样的一句话："在建筑设计业，如果对细节的把握不到位，无论你的建筑设计方案如何恢弘大气，都不能称之为成功的作品。"由此可见对细节的重视是多么的重要。

　　如果我们是一个细心的人，那么我们就会很少犯错误，如

第四章　细节决定成败

果我们不细心，那么一定是天天小错不断。从古到今，我们只要认真地去观察就会发现，那些成功者及伟人都是注意细节的人，只有注意细节，方可成为天才。

有一个女孩子，她是大山里的人，在她成年后，来到了城里工作，半年后因为工作勤奋，老板将一个小公司交给她经营。她将这个小公司管理得井井有条，业绩直线上升，很快她的名声就出来了。有一次一个外商听说了之后，想同她洽谈一个合作项目。谈判结束后，仍没有取得实质性的结果，但她还是邀请了这位外商共进晚餐。这次的晚餐很简单，最后，几个盘子都吃得干干净净，只剩下两个小笼包子。这时她对服务小姐说，请把这两只包子装进食品袋里，我带走。外商将这一切都看到眼里，当即站起来表示明天就同她签订合同。

为什么会这样呢？原因很简单，那就是这个女孩的节俭和细心打动了这个外商，虽然说只是把剩下的两个小笼包带走这样极其平凡的小事，但她的确感动了外商，使外商顺利地与公司签订了合同。由此我们看出了小事背后蕴藏着的精神。

我在上学的时候，我的老师讲过一个找工作的故事：一个相貌平平、学历一般的年轻人，是一所极普通的中专学校毕

业的，成绩也很一般。他毕业后，面临的第一件事就是找到一份适合自己的工作，那天他在报纸上看到一家大公司在招聘员工，可是他很清楚自己的学历和资历根本不可能进入那家公司。后来一个朋友说了几句鼓励他的话，他也这么认为：去不去是我的自由，我去了又不会少点什么，反而会给我带来一些经验，所以他决定去那家公司应聘。当时经理看了他的履历，没有什么表情地拒绝了，说他的学历太低，而且没有实际经验。这个年轻人很悲伤，当他起身要走出办公室时，他看到了地板上有一个正冒着烟的烟头，于是他弯下身子把这个烟头拿了起来，并带出了办公室，正当他要走出公司大门的时候，他忽然听到了后面有人叫他，来人告诉他，他被聘用了，这个年轻人很吃惊，奇怪地问："为什么我会被聘用，我不是没有学历和资历吗？"

后来这个经理给出了答案，原来是他弯腰捡烟头的过程让这个经理看到了，所以聘用了他。由此，我们可以看出在一件很细小的、与自己无关的事情上也能体现出对别人体贴、关心和负责任的人，他能获得成功是毋庸置疑的。

第四章 细节决定成败

"最伟大的生命往往是由最细小的事物点点滴滴汇集而成的。"事实确实如此,绝大多数人很少能有机会遇到那种重大的转折,很少有机会能够开创宏伟的事业。而生活的溪流往往是由这些琐屑的事情、无足轻重的事件以及那些过后不留一丝痕迹的细微经验渐渐汇集成的,也正是它们才构成了生命的全部内涵。

"万事皆因小事起。"这句话是所罗门说的,而克里米亚战争正好可以为这句话带来实证。克里米亚战争带来的人员伤亡和财产损失是巨大的,欧洲的四大强国英国、法国、土耳其和俄国都被卷了进来,而战争最初却是因一把钥匙而起。

当时土耳其宣称耶路撒冷圣墓中的一个神龛归土耳其的基督教会所有,于是就把神龛锁了起来,并且拒绝交出钥匙。这一行为使得希腊的教会很恼火。后来,争端不断升级。于是,俄国作为希腊的保护国,法国作为拉丁教会的代表也参加了进来。形势开始变得复杂起来。俄国要求土耳其对希腊的教会进行补偿,但土耳其拒绝这一要求。由于英国传统上就有保护土耳其人的习惯,在这场纠纷中他们理所当然地站在土耳其人的一边,同他们结成联盟共同反对法国和俄国。就是这样芝麻粒

大小的事情，引发了这场巨大的纠纷。

对于这场战争，后来的人们有这样一个说法，那就是不注重细节而引发的。无论做什么事情，细节万万不可忽视，否则就有可能付出极其惨痛的代价。

第四章　细节决定成败

细节决定成败

在当今激烈竞争的商业社会中，公司规模日益扩大，员工更是成千上万，其分工越来越细，其中能够从事大事决策的高层主管毕竟是少数，绝大多数员工从事的是简单烦琐的、看似不起眼的小事，也正是这一份份平凡的工作和一件件不起眼的小事才构成了公司卓著的成绩。

日本东京贸易公司有一位专门负责为客商订票的小姐，她给德国一家公司的商务经理购买来往于东京、大阪之间的火车票。不久，这位经理发现了一件趣事：每次去大阪时，他的座位总是在列车右边的窗口；返回东京时又总是靠左边的窗口。

经理问小姐其中缘故,小姐回答:"车去大阪时,富士山在你的右边,返回东京市,山又出现在你的左边。我想,外国人都喜欢日本富士上的景色,所以我替你买了不同位置的车票。"就这么一桩不起眼的小事使这位德国经理深受感动,促使他把与这家公司的贸易额由400万马克提高到1200万马克。

不要对那些不起眼的小事置之不理,如果认为它们小而不重视它们,甚至放弃它们,那么,在人生旅途上你将无法平稳地前进。人生的成功起始于小事,不行小事也必然难成大事,因小而失大,实在是人生的大忌。如果你还没有认识到这一点,那么,从现在开始,你一定要重视身边的每一件小事。只有踏踏实实地将你遇到的每一件小事都圆满地做好,才能在大事来临时,用你完成小事时所获得的经验,得心应手地完成大事。

20世纪70年代初,新田富夫从一所电气专科学校毕业后进入了一家打火机厂。他平时很善于观察,肯动脑筋,特别是对一些陌生的东西很感兴趣。

那时候,日本的市场上还没有出现一次性打火机,新田富夫在一本杂志上看到了关于一次性打火机的介绍,他花了很大功夫收集有关一次性打火机的材料,并设法买到一只一次性打

第四章　细节决定成败

火机进行研究。

他研究发现，每只一次性打火机使用次数在1000次左右，成本不超过100日元，如果大规模生产的话，成本还会更低。与之相比，1000根火柴的售价是400日元。新田富夫觉得生产这种打火机利润非常可观。

经过认真思索，新田富夫开始与别人合作生产，但由于技术方面的问题，没有成功。其他人都退缩了，只有新田富夫坚持下来，他相信：越是没有人愿意干的事情，越可以赚很多的钱。他不仅没有后退，反而信心倍增。

功夫不负有心人，新田富夫终于攻克了技术难关，成功生产出非常受欢迎的一次性打火机。这种一次性打火机，价格低，使用方便，很快成了全日本家喻户晓的品牌。

可见，能否发家致富，并不在于是否有大本钱，小买卖里也蕴藏着无限的商机，把小事做好了也能够成就你的人生。

小事是构成大事的根本，没有小事，就成不了大事。"泰山不择细土故能成其大，江河不择细流故能就其深"，说的就是这个意思。很多人只看到大事，对小事往往不屑一顾，还美其名曰："成大事者不拘小节"，到头来小事不愿做，大事做不了，

只会感叹自己"心比天高,命比纸薄"。因此,我们这里强调"大处着眼,小处着手",小事只是为大目标作的导向。

"人生成功小事起",这是我们每个人都应该牢记的。要知道,世界上许多富翁都是从小事做起,"以小博大"是他们常使用的手段。因此,要想发大财,就不能放弃发小财的机会,只有这样,才能拥有发大财的基础。否则,靠投机、靠违法乱纪的勾当而一夜暴富,将会毁了自己的一生。

有不少人是名牌大学毕业,他们胸怀大志,一出校门便想当老板进跨国企业,独立门户的想一统天下,帮人打工的想成为职场主流。他们一心想做大事,企图一口吃个大胖子,企图一步登天,结果没有吃成胖子却噎了自己,没有登天却摔伤了自己。因为这样的人"大事不会做,小事不愿做",留给他们的只有失败,他们一生都成不了富人,这是很可悲的。

在工作中,我们不要认为小事不重要就不去做,这对我们的职业发展有很大的影响。只要我们不讨厌小事,只要有益于自己的工作和事业,我们都全力以赴地去做,我们就会在成功的道路上越走越开心,越走越明亮。

事实上,很多年轻人眼高手低,看不起小事,只想做大事。可是能做大事的人却很少。人有理想、有干大事的雄心是

第四章　细节决定成败

好事，但一定要从身边一点一滴的小事做起。要知道，小事中常常蕴藏着机会。很多人轻视小事，认为小事不值得做，为自己的工作留下了隐患。

工作中无小事。所有的成功者与我们一样，每天都在为一些小事全力以赴，唯一的区别是他们从不认为自己所做的事是简单的小事。"把简单的招式练到极致就是绝招"，细微之处见精神，有做小事的精神，才能产生做大事的气魄。

从小事做起

　　治大国若烹小鲜，做大事必重细节。想做大事的人很多，但愿意把小事做细的人却很少。其实，我们不缺少雄韬伟略的战略家，缺少的而是精益求精的执行者；不缺少各类管理规章制度，缺少的是对规章条款不折不扣的执行。中国有句名言，"细微之处见精神"。细节，微小而细致，在市场竞争中它从来不会叱咤风云，也不像疯狂的促销策略，使销量立竿见影地飙升。但细节的竞争，却如春风化雨润物无声。大刀阔斧的竞争往往并不能做大市场，而细节上的竞争却永无止境。一点一滴的关爱、一丝一毫的服务，都将铸就用户对品牌的信念。这

第四章　细节决定成败

就是细节的美，细节的魅力。

查尔斯·狄更斯在他的作品《一年到头》中写道："有人曾经被问到这样一个问题：'什么是天才？'他回答说：'天才就是注重细节的人。'"

多读一些名人传记，你就会惊奇地发现，名人之所以成为名人，其实没有什么特别的原因，只是比普通人多注重一些细节问题而已。东汉的薛勤曾说："一屋不扫，何以扫天下？"在平凡琐细的生活中，往往含着一些酵质，假使酵质膨胀了，就会使生活起剧烈的变化，从而影响一个人一生的命运。

有两个人，他们是一对结拜兄弟，都有同一个梦想，希望很快发财。他们没有亲人，一直以来都是靠乞讨过日子。

一天，他们两个来到了一个新的城市，刚进城时，他们看到了一路上的垃圾，到处都是汽水瓶。大哥看着满地的汽水瓶，显得非常高兴，而兄弟却没有任何表情。大哥把地上的汽水瓶顺着路一个一个的捡起来。为此兄弟不屑一顾地对大哥说："这些瓶子能值几个钱，虽然我们靠乞讨过日子，但是这点瓶子卖了还不够买一个面包。"

大哥对兄弟说的话一点儿都不在意，他仍然捡着，到了街

头他差不多捡了好几百个瓶子。兄弟看着大哥手里的瓶子若有所悟，也打算捡一些，不管捡到几个也能卖些钱。于是他往回跑去，可是一路上的瓶子都让大哥捡完了，来回好几次，一个瓶子的影子都见不到。

不过兄弟并没有因此而不高兴，他心里想没关系，反正这种破瓶子也不值钱，别看大哥捡了这么多瓶子，说不定还没人要呢？于是，兄弟两个继续往城市走，走了好几条街，人慢慢多起来了。又走了几条街，两个兄弟发现了一个商店，正在高价回收汽水瓶，在门口挂着这样的一块牌子：本店因为需要汽水瓶做装饰，急收大量的汽水瓶，5毛钱一个。

当老大拿着卖汽水瓶得来的上百元钱出来时，兄弟非常后悔。他后悔当初为什么不捡一些瓶子，就是捡几个也行啊！

兄弟俩的事，正好让一位老人看见了，他走过来问兄弟："孩子，你们两个一起来，为什么他能捡到这么多瓶子，你一个都没有呢？"

兄弟后悔地说道："当时那些瓶子我也看到了，可是在平时，那些汽水瓶都没人要啊！我又没有想到今天汽水瓶这么

第四章　细节决定成败

值钱。而且我当时也回去捡了,可是所有的瓶子都让大哥捡完了。"

每个人所做的工作,都是由一件件小事构成的,因此不能对工作中的小事敷衍应付。所有的成功者,他们与我们一样,都做着同样简单的小事,唯一的区别就是他们从不认为他们所做的事是简单的小事。

人往高处走,不是好高骛远,而是脚踏实地,一步一个脚印地做事。

一个穷人和一个富人在同一天,到同一个地方去找工作。他们同时看到了一枚硬币躺在地上,那个穷人看也不看就走了过去,而那位富人却激动地将它捡了起来。

他们两个人同时走进一家公司。公司很小,工作很累,工资也低,穷人不屑一顾地走了,而富人却高兴地留了下来。

两年后,两人在街上相遇,富人已经变得更加富有了,而那个穷人却依然在寻找工作。

看完上面的小故事,我们得出一个结论:任何事,只有从细微之处做起,才能得到成功,不要一开始就只往高处看,而忘记了自己的起点。

或许有人会问:"为了一枚硬币而弯腰的人,怎么能这么快就发财呢?"

原因很简单,那个穷人并不是不需要钱,但是他不愿弯腰,他眼睛盯着的是大钱而不是小钱,所以对他来说,他的钱总在明天。而那位富人就不同了,他之所以能成功就是因为他知道,只有从小事做起,从小钱赚起,才容易成功。

小王是一名大学毕业的高才生,在一个电器制造公司工作,刚进这家公司时,小王是以清洁工的身份进入的。在做清洁工作的一年中,小王勤勤恳恳地重复着这种简单劳累的工作。虽然他的表现很好,但是仍然没有一个人提到录用他的问题。

那一年,小王的机会来了,公司的许多订单纷纷被退回,理由是产品质量有问题,为此公司蒙受了巨大的损失,董事会为了挽救颓势,紧急召开会议商议对策,会议进行一大半却未见眉目时,小王闯入会议室,提出要见总经理。

见到总经理后小王把他的目的说了出来,经理当时就给小王一个发言的机会。于是,小王对产品质量的原因做了令人信服的解释,并且提出了自己对工程技术上的一些新看法,随后拿出自己对产品的改造设计图。他的设计非常先进,恰到好处

第四章　细节决定成败

地保留了原来电器的优点，同时克服了已出现的弊病。经过这次事件，小王顺利地升职到技术部主管的位子。

为什么小王会这么清楚产品质量的根源呢？原来，小王在做清扫工时，利用清扫工到处走动的特点，细心察看了整个公司各部门的生产情况，并一一做了详细记录，这其中发现了所存在的技术性问题，为此，他花了近一年的时间搞设计，获得了大量的统计数据，为最后一展雄姿奠定了基础。

只有心存远大志向的人，才有可能成为杰出的人物。但要成功，光有心高气盛远远不够，还需要从小事做起。

荣誉高于一切

一个没有荣誉感的团队不是一个成功的团队,一个没有荣誉感的员工也不是一个优秀的员工。作为公司的一员,你有责任维护公司的荣誉。这样的员工才能真正被老板所重视。

美国西点军校一向注重军人荣誉感的培养,他们将荣誉感列入军人守则里,在《荣誉准则》里有一段这样的话:"每个人都不准说谎、欺骗,做有损西点的事。"

那么,西点军校是如何训练军人的荣誉感的呢?在西点军校,每个学员都必须牢记所有的军阶、徽章、肩章、奖章的样式和区别,记住它们所代表的意义,而且还要求记住属于自己

第四章 细节决定成败

使用的军用物资的准确数目,甚至连校园蓄水量有多少升都要清楚。这样的训练能增强他们的荣誉感,让他们懂得荣誉高于一切。

军人的荣誉就是他们的生命,他们视荣誉为生命,他们最无法容忍的就是损害荣誉的行为。在公司里也一样,所有员工都有义务维护公司的荣誉,不做有损公司荣誉的事。如果一个员工没有荣誉感,那么他就无法把公司的利益放在首位,从而认真工作,杜绝差错。

有一个人曾经在希尔顿酒店住宿。早上他打开门,看到走廊里的服务员正好从这里路过。服务员说:"早上好,爱德华先生。"他怎么知道我的名字?我好像没有告诉过他啊!爱德华当即就问这个服务员:"你怎么知道我叫爱德华?"服务员回答:"我们酒店规定服务员必须知道每个房间客人的名字。"

接下来,在吃早餐的时候,这位服务员送来一盒点心,他从没吃过这样的点心,于是问旁边的服务员:"这上面红色的东西是什么?"服务员看了一眼,后退一步,才开始回答他的问题。

这位服务员为什么要后退一步才能说话呢？原来这是为了避免说话时唾液溅到客人的菜上。

不知道大家是否注意过这个现象：我们平时在饭店吃饭时，有多少服务员做到了这一点呢？有多少服务员能够在跟你打招呼时叫出你的名字呢？也许你认为这是件微不足道的事，但就是这些看起来微小的事，却体现了一个深刻的道理，那就是以团体利益为重的荣誉感。如果这个服务员没有一种以希尔顿酒店为荣的荣誉感，那么她就不会表现得如此尽心尽职。

是否具有荣誉感是判定一个员工能否成为优秀员工的关键，只有具有荣誉感才能真正把团体的利益放在第一位，时刻以团体为重，顾全大局。这样的员工是公司所需要的最优秀的员工。具有荣誉感的员工能够积极主动、自动自发地工作，在他们心中，积极努力地工作是维护公司荣誉的最好方法。一个心中没有荣誉感，不能认识到荣誉对公司、对自己、对工作的意义的人，又怎么能指望这样的员工去争取荣誉、创造荣誉呢？

我们不能将工作的意义纯粹理解成一种养家糊口的工具，我们工作的目的不只是为了生存，更是为了追求一种认同感、荣誉感。当你获得荣誉，你就能真正感受到工作的崇高意义，它会带给你最大的快乐和满足。因此，努力工作，争取荣誉、

第四章　细节决定成败

捍卫荣誉、保持荣誉便是工作的最大意义。在这个过程中，我们个人的能力也得到了提高。

一个没有荣誉感的员工无法体会工作的崇高，他们把工作当成一种苦役，一种不得不做的劳役，那么他们在工作中就发现不了快乐和意义，也就难以获得那份崇高的荣誉感。

付出就会有回报

东尼在家门口遇见了一个老年人,看着老人孤单、破落的样子,东尼把自己口袋里大部分的钱都给了老人。老人很感激东尼。

转眼两年过去了,东尼做了父亲,他的爱人给他生下了一个可爱的女儿。不幸的是,孩子半岁时患了一种无法解释的瘫痪症,丧失了走路的能力。

女儿8岁那年和家人一起乘船旅行。在船上东尼很巧地遇见了当年他帮助过的那位老人。老人很兴奋地对东尼说,他本是一位有名的医生,那年因为妻子去世受了打击,所以才流浪

第四章 细节决定成败

到东尼家门口,在东尼的帮助下他终于回到了家里,这一次是特意出来游玩的。东尼听说老人是一名医生,就把自己女儿的事告诉了老人,在经过老人的一番查看后,他认为女孩的脚有机会治好,于是他们展开了治疗行动。经过长达半个月的按摩与各方面治疗,女孩的脚渐渐有了知觉。一天,老人给女孩讲船长有一只天堂鸟,女孩被老人的描述迷住了,极想亲自看一看这只鸟。老人故意把女孩留在了甲板上,说自己去找船长。女孩等了很长时间,终于耐不住性子要求船上的服务生立即带她去看天堂鸟。服务生并不知道她的腿不能走路,只顾带着她一道去看那只美丽的小鸟。奇迹发生了,孩子因为过度的渴望,竟忘我地拉住服务生的手,慢慢地走了起来。藏在一旁的老人看到这一幕开心地笑了,后来他对女孩及东尼说,一开始的治疗只是让她的脚产生感觉,重要的是后来孩子看天堂鸟的决心,因为她的意念所以产生了奇迹。讲到这里老人看了看东尼又说道,我也给我的恩人做了一件好事了。

你能为公司付出,领导也会对你刮目相看,同时会给你更多的机会做更多的事情,这对于锻炼自己的能力和提高自己的经验也是不可多得的。

并不是每一个人都能认识到付出的精神内涵，人们需要在不断地改变中寻求到一种最佳的理解方式，需要在不断地探寻中理解付出的全部意义。许多人都会抱怨自己的付出与回报不平衡。我想，这可能就是人们把物质的东西看得太重了，而忽略了精神上的收获，甚至有人根本就没想到过这一点，所以他们才抱怨，才不愿意付出。

只有员工从心里改变了自己对付出的理解，他才会心甘情愿地付出，并认为这种付出是一种快乐，他才会真正体会到工作中的付出带给他的乐趣，而这正是工作的最高境界。作为公司的一名员工，因为他的付出为公司创造了更多的发展空间和机会，那么他所获得的不仅仅是物质上的回报，更多的是一种自我价值的实现。如果你能以付出为乐，那么我们有理由相信，你一定会做得更好！

有这样一个故事，对于理解付出与回报之间的关系很有帮助。故事说有两个准备投胎转世的人被召集到上帝的面前，上帝说："你们当中有一个人要做个只有索取的人，另一个人要做付出的人，你们商量后自己选择吧。"

上帝的话音刚落，第一个人就抢着说："我要做索取的人。"这人想，索取也就是一生什么事也不用做，坐享其成的

第四章　细节决定成败

人生那可真不是一般的幸福。他甚至为自己的抢先一步感到无比幸运。另一个没有其他的选择，于是，他做了那个甘愿付出的人。

多年以后，那位选择付出的人成了一个大富翁，他乐善好施，给予他人，成了一位有名的慈善家，备受人们尊重。而另一位则做了乞丐，他一辈子都在不停地索取。原来，上帝是这样满足他们的要求。

当我们谈到从点滴做起的时候，还要消除心中的顽石，因为心中的顽石阻碍我们去发现、去创造。

从前有一户人家的菜园里摆着一块大石头，宽度大约有40厘米，高度有10厘米。到菜园的人，不小心就会踢到那块大石头，不是跌倒就是擦伤。

儿子问："爸爸，那块讨厌的石头，为什么不把它挖走呢？"

爸爸这么回答："你说那块石头喔？从你爷爷那个时代，就一直放到现在了，它的体积那么大，不知道要挖到什么时候，没事无聊挖石头，不如走路小心一点，还可以训练你的反应能力。"

过了几年，这块大石头留到下一代，这时儿子娶了媳妇，当了爸爸。

有一天媳妇气愤地说："孩子爸爸，菜园那块大石头，我越看越不顺眼，改天请人搬走好了。"

孩子爸爸回答说："算了吧！那块大石头很重的，可以搬走的话在我小时候就搬走了，哪会让它留到现在啊？"

媳妇心底非常不是滋味，那块大石头不知道让她跌倒多少次了。

一天早上，媳妇带着锄头和一桶水，将整桶水倒在大石头的四周。十几分钟以后，媳妇就用锄头把大石头四周的泥土搅松了。

媳妇有挖一天的心理准备，谁都没想到几分钟就把石头挖起来了。看看大小，这块石头没有想象的那么大，都是被那个巨大的外表蒙骗了。

很多人在公司里都在尽力回避自己分外的事情，其实这就是心中存在着一块顽石。他们认为做好了本职工作就是完成了责任，而不愿意多付出。但我们应该知道，只有有能力的人才能多做事情，才能比别人更多一点付出，这是一种对自我的肯

第四章　细节决定成败

定,是一种对自身价值的确认。能够为公司多付出的人,一般来讲,都是比别人更有承受力或具有突出能力的人。所以你该为自己能够多一点付出而感到自豪,因为你已经向别人证明,你比别人更突出,你比他们强,你更值得公司信赖。一个人想证明自己的最好方式,就是能比别人做得多一点。换一个角度来理解,你会发现你的努力不是单向的,你会因此而得到更多的回报。

多感恩，少抱怨

　　世界上不存在十全十美的事物，工作也一样，不可能尽善尽美。但每一份工作都有它的价值，它会给你提供许多宝贵的经验，如失败的经历、成功的喜悦、亲切的同事和值得感谢的客户等，这些都是成功必须具备的条件。所以，你要每天都怀着感恩的心去工作，在工作中始终牢记"拥有一份工作，就要懂得感恩"的道理，这样你就会收获很多，工作起来也会感到轻松。

　　心态决定命运，一种感恩的心态可以改变一个人的一生。我们没有任何权利要求别人为我们做什么事情，所以我们要对外界所给予我们的一切心怀感激，要竭力回报这个美好的世

第四章　细节决定成败

界。对周围人给予的帮助和关怀，对任何工作机遇都要怀有感激之情。我们要竭力做好手中的工作，努力与周围的人快乐相处。带着愉快的心情工作，工作才会轻松顺利。

在儿子踏入社会前，父亲告诫儿子三句话："遇到一位好老板，要忠心为他工作；假如第一份工作就有很好的薪水，就算你的运气好，要努力工作以感恩惜福；万一薪水不理想，就要懂得在工作中磨炼自己的技艺。"

这位父亲是睿智的，所有的年轻人都应该牢记这三句告诫。即使最初工作不尽如人意，也不要计较。在工作中不管做什么事，都要调整好自己的心态：把自己放低，抱着学习的态度，将每一件工作的完成都视为一个新的开始、一次学习的机会，不要计较一时的得失。

人们拥有健康积极心态之后，不论做任何事都能心甘情愿、全力以赴；如果失去了感恩之心，就会让自己陷入一种糟糕的境地，对周围的一切都心存不满。如果让挑剔占据整个心灵，你就会感觉阴暗的事情越来越多地围绕在身边，让你难以摆脱。若是让这种状况持续下去，你可能会变得吹毛求疵，失去内心的平和和宁静，很容易走极端。相反，把你的注意力全部集中在光明的事情上，你也将变成一个积极向上的人。

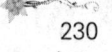

真正的感恩应该是真诚的、发自内心的，而不是为了某种目的，迎合他人而表现出的虚假情意。与溜须拍马不同，感恩是自然的情感流露，是不求回报的。时常怀有感恩的心情，你会变得更谦和、可敬且高尚。所有的事情都是相对的，不论你遇到多么恶劣的情况，都要心怀感激之情。你要对工作基于一种深刻的感恩认识：工作为你展示了宽阔的发展空间，工作为你提供了施展才华的平台。对工作给你带来的一切，你都要心存感激，并通过努力工作回报社会。

感恩既是一种良好的心态，又是一种奉献精神。当我们以一种感恩图报的心情工作时，工作会变得愉快、轻松，结果也就会更出色。

有的员工经常抱怨老板不公，认为自己德才兼备，能力出众，工作业绩斐然，却总是得不到老板的提拔。于是暗自感叹：千里马在此，却不知伯乐在何方？其实这种想法是不对的。如果你真的有才能，老板没有发现，那是老板没有眼光。你要相信：是金子终究会发光，这个老板看不到你的亮点，还会有的别的老板看到。

刚刚进入社会的年轻人，由于缺乏工作经验，领导一般都不会立刻委以重任，工作自然不会是自己想象的那么体面。在

第四章　细节决定成败

这种情况下，如果你总抱怨：做这种事情太没劲儿，怎么能让我做这种琐碎枯燥的工作呢？总是这么想你就不会安心工作，甚至会想到跳槽。如果你跳到了别处，你会发现，现实并没有改变。事实上，如果你调整不好自己的心态，你就永远不会真正学到自己该学的东西，也就不会晋升，而且很可能失去很多发展的机会。

任何事物的发展都是渐进的、曲折的。世界上任何一个顶尖公司的发展都经历了从小到大逐步完善的过程。同样，一个人在职场中的发展也是这样，不要想一步登天。脚踏实地、勤勤恳恳地工作，用心在工作中学习、探索，你会发现你的能力逐渐提高，聪明的老板也一定会注意到这些，那么你晋升的机会也就快来临了。

还有的人觉得付出与所得不是一致的，心里极不平衡。

有些人认为老板对他们不公平，甚至阻碍了他们获得成功，实际情况并非如此。老板出于公司经营发展考虑，会对每一个员工进行认真考察，会把他们安排在合适的岗位上，并不会因为自己的个人看法对员工特殊对待。作为员工，应该多反思自己的缺陷，给老板以更多的同情与理解。

在工作中，你可能会受到老板的批评，请不要放在心上。

如果你真的错了，批评会使你进步，避免下次出现类似的错误。如果你没有错，也不要顶撞老板，你可以跟老板讲道理。带着感恩的心情工作，不仅有利于公司和老板，更有助于自己的发展。"感激能带来更多值得感激的事情。"而且，感恩也是一种深刻的感受，它能够增强个人魅力，开启神奇的力量之门，让人拥有无穷的力量。在你工作不如意的时候，你可能会不停地指责和抱怨在某些方面不如自己的主管，抨击自己的上司。其实，这些都是没有用的。指责别人并不能提高自己。相反，抨击指责他人只会破坏自己的进取心，让自己心情不好，而且，无形之中还会降低自己在别人心目中的形象。只要你确实有能力并且肯好好工作，那么你一定会得到老板的赏识的，任何一个老板都很精明、很有眼光的。

　　将目光从别人身上转移到自己所从事的工作上，多花一些时间想想自己的工作有没有需要提高和完善的地方，是不是自己已经尽了最大的努力？把满腹的牢骚转换成积极的工作心态，怀着对工作的感激之情，努力工作。如果每天都能怀着感恩而不是抱怨的态度去工作，相信你工作时的心情自然是愉快而积极的，工作的结果也将是令人欣喜的。